图书在版编目（CIP）数据

海绵城市 / 刘云胜，李霞，刘泉主编 .
上海：同济大学出版社，2016.5
（理想空间；72）
ISBN 978-7-5608-6334-4

Ⅰ . ①海… Ⅱ . ①刘… ②李… ③刘… Ⅲ . ①城市规
划—空间规划 Ⅳ . ① TU984.11

中国版本图书馆 CIP 数据核字（2016）第 115116 号

理想空间
2016-05（72）

编委会主任	夏南凯　王耀武
编委会成员	（以下排名顺序不分先后）
	赵　民　唐子来　周　俭　彭震伟　郑　正
	夏南凯　蒋新颜　缪　敏　张　榜　周玉斌
	张尚武　王新哲　桑　劲　秦振芝　徐　峰
	王　静　张亚津　杨贵庆　张玉鑫　焦　民
	施卫良
执行主编	王耀武　管娟
主　编	刘云胜　李霞　刘泉
责任编辑	由爱华
编　辑	管娟　管美景　顾毓涵　姜涛　胡立博
责任校对	徐春莲
平面设计	管美景　顾毓涵
网站编辑	郭长升
主办单位	上海同济城市规划设计研究院
承办单位	上海怡立建筑设计事务所
地　址	上海市杨浦区中山北二路 1111 号同济规划大厦
	1107 室
邮　编	200092
征订电话	021-65988891
传　真	021-65988891-8015
邮　箱	idealspace2008@163.com
售书QQ	575093669
淘宝网	http://shop35410173.taobao.com/
网站地址	http://idspace.com.cn
广告代理	上海旁其文化传播有限公司
出版发行	同济大学出版社
策划制作	《理想空间》编辑部
印　刷	上海锦佳印刷有限公司
开　本	635mm x 1000mm　1/8
印　张	16
字　数	320 000
印　数	1-10 000
版　次	2016 年 5 月第 1 版　2016 年 5 月第 1 次印刷
书　号	ISBN 978-7-5608-6334-4
定　价	55.00 元

编者按

习总书记在 2013 年中央城镇化工作会议上明确指出要"建设自然积存、自然渗透、自然净化的'海绵城市'。"为了贯彻习近平总书记讲话及会议精神，2014 年 11 月住房和城乡建设部发布《海绵城市建设技术指南》。一时间，"海绵城市"这一概念再一次进入人们的视野。倡导海绵城市理念，是城市规划和管理走向生态化、精细化、人性化的客观要求，是未来城市规划和设计的热点和重点。为此，本辑推出了《海绵城市》主题，梳理海绵城市的理论体系和实践探索，并结合案例分析各层次规划中海绵城市理念的落实以及相关技术等。

在"总体规划"部分，彭震伟等人的文章或分析生态保护区"绿色海绵"绿色基础设施网络的构建，或探讨城市整体海绵城市建设目标和因地制宜的实施对策，或从海绵城市建设绩效评价与考核方案的角度检验海绵城市建设成效，或论述如何利用水敏性城市设计打造可持续的田园生态新城，在宏观层面倡导海绵城市理念和生态价值观。

在"专项规划"部分，介绍了雨洪管理、排水、绿道等多种类型的专项规划与海绵城市理念的衔接。其中，既有文章分析排水防涝专项规划在海绵城市建设中应起到的作用，也有文章介绍水体生态系统规划、城市绿地系统和绿道专项规划，更有文章重点说明排水专项规划和控制性详细规划的衔接要点，为今后海绵城市排水设计提供借鉴作用。

在"详细规划"部分，介绍了景观、建筑、道路等详细规划中海绵城市理念的落实。既有老工业园区改造项目中雨洪利用、解决内涝的水规划设计分析，又有创意产业园区雨水花园景观设计剖析，也有绿色海绵小区目标下的老社区景观改造。其共性都是在详细规划层面规划设计与海绵城市理念的紧密结合。

在"技术体系"部分，一篇文章总结低影响开发技术选择的影响因素，另一篇文章主要阐述透水路面材料在海绵城市建设中的重要应用，再一篇文章总结海绵城市与 BIM 技术的交叉点，体现了在规划设计中通过技术手段助力海绵城市的规划设计理念更好的落地。

在"他山之石"部分，两篇文章分别以北美和台湾作为镜鉴，为目前海绵城市建设提供参考价值。

上期封面：

CONTENTS 目录

Interviews

Top Article

Subject Case

Master Plan

Special Planning

Detailed planning

Technical System

Voice from Abroad

面向可持续发展的海绵城市建设
——李田教授访谈

Construction of Sponge City for Sustainable Development
—Interview with Professor Tian Li

记者（以下简称记）：海绵城市建设是当下的一股热潮，您认为该如何看待这股"海绵城市热"，如何把海绵城市这项工作做好、做到实处？

李田教授（以下简称李）：我们当下所谈论的海绵城市，在我看来，不是一个学术层面的概念，也不是工程技术上的概念，而是一个便于表达的形象的说法。谈论海绵城市这个理念，离不开低影响开发，用海绵城市这个形象的说法来概括低影响开发有利于宣传、贯彻任务。我看海绵城市建设有两层概念：一个是低影响开发，另一个是雨水综合管理。国内唯一的一份技术文件，住建部颁发的《海绵城市建设技术指南——低影响开发雨水系统构建》（以下简称《指南》），已经对相关概念做了初步的介绍。

与城市规划关系比较密切的，应该是低影响开发这个概念。低影响开发的目标是人与自然和谐相处、可持续发展。目前讨论海绵城市或者低影响开发有两方面的意义。从宏观方面来谈，我们应该做一些具体工作：比如新城区规划中尽可能地结合当地的具体情况，践行低影响开发的理念；参与实施规划的各个主体对改善城市的雨水管理都能够承担一份责任，这是规划实施层面上的工作。从技术层面来讲，有很多的工作要做，低影响开发本来就是一项应用技术，而不是一个理想，不可以通过一番理论，一下就把途径、措施、结果都说清楚了；而是需要根据各个地方的具体情况确定实现目标的合理措施。国内各个地区的情况不一样，国内的情况跟国外更是有很大差别，不能光靠拿来主义，而不考虑实际情况。过去，国内的科研管理部门和地方政府，包括从事规划的与负责城市排水设施建设和管理的部门，对城市雨水综合管理的重视程度似乎不够。这造成了目前在应用技术与工程经验方面缺乏积累。城市雨水综合管理中，有关径流源头控制是很重要的一个部分，这方面的工作不仅是排水设计建设部门的事，也是相关土地使用部门的事。整个城市规划、建设所涉及的各个部门都应该

来承担一些责任，当然这需要技术标准、法规来引导规范。以前这方面做得不好，究其原因是很少人关心这个问题，缺少前期科研，更缺乏工程经验。直到现在海绵城市建设受到了重视，大家才回过头来关注这些问题。

搞好海绵城市建设需要做好许多具体的工作，而不是炒作这个概念，例如衍生出的诸如深海绵、浅海绵、干海绵、湿海绵等五花八门的术语，这些对于解决具体问题用处不大。具体的工作主要包括：结合当地的具体情况开展现场试验、项目后评估，从事设计、规划与管理的人员一起沟通协调；从理论上的规划方法到实际建设中遇到的具体问题，包括费用效益的评估等各个层面上，把工作做实，然后根据有依据的数据建立一些体现不同地域特点的技术文件与地方法规，据此来指导具体建设工作，这是目前需要优先完成的工作。不然，就可能总是被动应付考核，或部分群体借炒作概念赚上一把，在亟须的推动应用技术与工程实践的进步方面没有进展，有可能钱是花掉了，却达不到预期的目标。海绵城市建设的终极目标，不是增加基础建设投资，而是可持续发展。

记：作为非给排水专业背景的城市规划从业人员，面对海绵城市建设提出的新要求、新任务，应该着重培养哪些技能、在哪些方面努力？

李：谈到海绵城市建设，有一些宏观上的概念是与规划紧密相关的，比如竖向布置、土地开发强度与土地利用的类型、开发区域的水面率等，规划的决策影响到径流总量及实现径流源头控制可行性，我觉得先要了解这些问题。另外，我国现有的《指南》上列出了十几种不同类型的LID技术，但讲的都比较粗，不能由此比较深入地理解相关技术。建议规划专业的人员抽空读一点书。比如，美国各个州都有自己的相关标准，各州的标准对类似技术称谓就存在差别，一种相近的技术又有很多不同的。实际上，海绵

城市建设的一些相关技术是比较复杂的。

迄今为止，国内从事雨水管理工作的人员（给排水和环境工程专业的人员），在这个方面完成的前期工作比较少，因此相关的技术指南、案例分析、地方标准之类的技术文件也就很少，城市规划从业人员能够拿来直接学习利用的、符合中国不同地区情况的东西有限，所以要比较深刻地理解相关问题存在困难。

我们年轻的规划师如何来做好这方面的工作呢？首先，国内已发布的《指南》比较简单，主要介绍了一些基本的概念，可以多参考一些国外的技术标准和应用案例的评价，国外在这方面还是做了很多细致工作的；其次，可与从事相关设施设计工作的人员多沟通，这样有助于规划与设计层面的合作，更快地在新建或改建的工程中应用一些低影响开发的技术。在目前国内的相关考核指标不够明确的情况下，更需要城市规划专业和给排水专业人员的共同学习和实践，把这个事情做好。

记：上海市在推进LID应用、海绵城市建设方面，难点是什么？未来如何解决这些问题？

李：上海在城市雨水管理方面确实存在特殊的困难。上海的土地利用强度非常高，实行径流源头控制，需要一定的空间，这就意味着要占用一定的土地；再就是上海的地下水位非常高，使得渗透型LID设施不能使用，径流不允许直接渗透到地下，存储下来的雨水还是要缓慢地排放到市政管道，这对于设施的建造成本及其年径流总量控制率都是不利条件，所以困难要比其他地方大一些。那么，如何解决这些问题呢？我以为，首先应该在海绵城市建设标准、考核指标方面相应地放宽，或者对于年径流总量控制率的解释符合上海的地域特点与LID应用目标；其次，通过合理的技术措施来缓解地下水位高带来的问题，比如渗透铺装、下凹绿地等与浅层蓄水模块组合应用的可能。推进LID的应用还存在另一方面的问题，就是

实施主体的权益与责任：我们利用了土地来消纳和处理雨水，相应地就会对城市绿地、道路的建设投资、管理产生一些影响，也就是说，不仅会花费了建设费用，也加重了管理的工作。规划绿地拿来处理雨水，其景观效果将受到影响，这也是海绵城市建设中存在的实际问题。现在新建的住宅区容积率很高，增加了绿色屋顶技术应用的困难，接近满铺的地下室限制了生物滞留等技术的应用；小区的道路、停车场做渗水铺装，径流还不允许下渗以免污染地下水，这些都是上海推进海绵城市建设需要研究解决的技术问题。现在，我们需要研究解决的不仅是观念与操作模式层面的问题，随着政府和相关职能部门对海绵城市建设给予较多的关注，后面这些问题的解决会取得一定的成效，而解决现实的技术问题不是一两天的事情，需要在应用研究与工程示范方面的投入。过去，不考虑实际应用效果与费用效益，偏重形象的工程并不少见；所完成的研究的成果，完全不能达到支撑投入以百亿元计的建设工程的要求。上海目前计划实施的控制面源污染、缓解城市内涝的措施还是偏重传统的技术，比方苏州河深隧道。这是由上海的土地供应条件等因素决定的。然而，结合本地的条件，尽可能地应用合适的低影响开发技术，是海绵城市建设的重要工作，虽然实施起来困难更大，短期内难以普遍推动，但是，这些事情还是需要政府牵头一步步地做起来。

记：在公众参与和推广的问题上您有何意见？

李：国外有好的实践，但国内外的情况不同，公众宣传和参与可以通过鲜明的案例、实践等来推动，争取更多的市民主动参与。

国外推广低影响开发技术的措施，包括公众宣传、教育及政策法规等多方面的手段。对于新开发城区，一些发达国家有法规规定开发后径流量不能超过开发之前，土地开发方案只有达到这个标准才予以批准；设施的建设费用由业主承担，这些在发达国家已经被公众所接受，比如德国的与住宅为单元的雨水收集利用、澳洲的就地调蓄（OSD）。在已经开发的成熟地区，采用低影响开发措施会遇到更多的麻烦，因为会牵扯到使用私人土地的问题。一些发达国家政府通过补贴的方式争取市民参与，发达国家的经济发展水平与市民的环保意识都比较高，很多市民比较关注和理解可持续发展，有些人愿意在自己的院子里搞一些LID设施，以控制所居住地块的径流水量与污染。

目前，国内推进低影响开发的思路，一般是将城区建设用地划为市政道路和建筑小区两个部分，小区径流的控制任务相应地划归地块的建设者来承担，

推进这方面的工作需要争取市民的理解和支持。如果是旧城改造，这方面的困难就会更大，我们需要以应用研究成果和示范工程案例作为基础，来宣传和倡导这个事情，争取市民的支持，使海绵城市建设不再是应对政府考核的一项任务或空洞的宣传，而是一个大家能够感受和理解的东西，这个对贯彻海绵城市建设的理念，把事情做好是非常重要的。

记：请谈谈对评价指标体系的看法。

李：评价指标体系和一年前的《指南》相比，存在一些差异。总之，在城市雨水综合管理的框架内推进海绵城市建设。

海绵城市建设的评价指标体系，体现了政府管理部门的价值判断，主要是用于中央财政支持和地方政府示范工程的评估。可以看出，与之前提出的《指南》相比，关注的范围和认识高度已经不一样了，指标体系更偏向于城市水务综合管理，比如其中提到了污水回用率、供水管网漏失率等众多指标。从城市规划部门的工作范围考虑，关系比较密切的还是雨水综合管理。我觉得城市规划专业的人员还是从城市雨水综合管理的角度，来探讨共同推进海绵城市建设比较恰当，其他的工作应该由地方政府和具体技术部门来承担。城市规划工作者尤其是年轻规划师应该关心该领域的理念、技术及应用案例，以便在工作中加强与水务规划、设计人员及跟政府部门的沟通合作。现在的情况是，不同部门的人员在一起比较难以沟通，部分原因是缺乏技术的支撑；改变这个现状的重要途径，就是大家都来参与这个事情，表达自己的关注，加深对该领域技术问题、管理问题及投资的费用效益，包括土地使用的法规等诸多问题的理解，以逐步增加共识，能够更快更好地推进海绵城市的建设。

记：乡村地区推行LID的可行性、乡村分散污水治理的问题（自然村）。

李：这个问题涉及农村水环境治理与分散污水治理问题。农村很多地方也存在水体水质不达标的问题，也需要控制面源污染。在乡村规划中，如果有相应资金投入的话，在实施雨水管理方面，可能会比城市容易一些。低影响开发的定义，就是开发以后的水文特征与开发之前相比基本保持不变。对于乡村这种居住密度比较低的地方，如果在规划阶段就考虑到尽可能降低土地开发对原有水文条件的影响，推行低影响开发技术还是有比较好的条件的。

乡村分散污水治理已经有很多课题的研究，也开展了不少应用实践，地方政府提供了建设资金支持，但是在实际应用中发现仍存在不少问题。住建部还出台了相关的技术文件《村庄污水处理设施技术规

程》。上海市也有过相关的实践，由水务部门牵头，市区二级政府资助，与村镇合作投资治理农村分散污水，整个计划投入的强度相当大，前后持续了数年的时间，但是成效似乎不如预计的好。因为乡村污水来源分散，收集、处理不便，与城市污水治理相比存在特殊的困难。华东师范大学资源与环境学院对于上海农村污水治理实施情况进行了评估调查，得到政府资助的应用技术不下十种，主要是以政府投入为主的办法来推进，现场监测的结果表明多种设施长期稳定运行仍存在不少问题。解决村庄分散污水治理，目前在机制、技术与管理方面都需要探索提高。

在村庄分散污水处理策略方面，以一个自然村或中心村为范围，把污水收集起来，进行相对集中的处理，还是就地分散处理的问题，大家讨论的也很多。收集方法方面就有很多种，比如水乡地区适用的负压排水系统，缺水地区适用的干厕，是否考虑灰水和黑水分开收集等等。但是目前的技术规程与地方技术指南的内容还比较粗，难以具体指导哪一类地方的村庄污水采用什么样的技术来收集处理。

受访者简介

李　田，博士，教授，博士生导师，同济大学环境科学与工程学院，研究方向城市雨水管理。

生态价值观的转变是海绵城市建设的关键
——赵敏华副总工访谈

The Transformation of the Ecological Values is the Key to the Construction of the Sponge City
—Interview with Deputy Chief Engineer Minhua Zhao

记者（以下简称记）：您什么时候开始接触"海绵城市"这个概念的？

赵敏华副总工（以下简称赵）：

1. 初次接触是在世博会地区的水务专项规划

实际上在2010年上海世博会之前，我们曾做过世博会地区的水务方面的专项规划，包括防汛、排涝、雨水排放、污水排放及市政用水等规划设计。在防洪手段上主要是黄浦江的防汛墙岸线的后退处理；在排水问题的处理上，首先是排水标准的提高，其次考虑到初期雨水的面源污染问题。2010年前，那个时候还没有明确如雨水花园等LID设计要求，我们就已经在世博园区运用了透水铺装、雨水收集利用和初期雨水调蓄池等手段。但由于雨水收集利用的运营成本高于水价，所以几乎变成了摆设。世博园区还做了一项试验推广的亮点，就是将园区中的供水标准提高达到直饮水标准。我作为世博会的水务专家，那个时候开始接触海绵城市。

2. 海绵城市概念形成的标志是2014年10月住建部发布《海绵城市建设技术指南》

2011年到2012年提出雨洪管理，再到2012年至2013年是低影响开发（LID），开始有了海绵城市的概念，到2013年习近平总书记在中央城镇化工作会议上提出了海绵城市的定义之后，2014年10月住建部发布《海绵城市建设技术指南》为标志，确立了海绵城市这一概念。

记：请您说说国外低影响开发（LID）和国内海绵城市这两个概念之间的渊源？

赵：

1. 相关概念的发展历程梳理

海绵城市这一概念是我们学习国外的一种设计体系。这个体系在国外从1972年到2011年，从BMPs到LID到SUDS再到绿色基础设施，有一个40年的发展过程。1972年，美国联邦水污染控制法第一次提出最佳管理措施BMPs（Best Management Practices），就是从控制非点源污染开始的，到1990年在BMPs的基础上发展了LID（Low Impact Development）体系。什么叫作LID就是"通过分散、小规模的源头控制来达到对暴雨产生的径流和污染的控制（一个是径流一个是污染）。在开发中尽量减少对环境的破坏与冲击，使开发地区尽量接近于自然的水文循环"。然后再到了1999年发展为SUDS（Sustainable UrbanDrainage Systems），是英国又在LID的基础上，把环境和社会的因素纳入到排水系统里面去，综合考虑水量、水质、水景观和水生态，通过综合措施改善城市整体水循环。到2008年发展为GSI，就是绿色雨基础设施。2010年美国环保总署就把它定义为绿色基础设施，就是GI（Green Infrastructure），是这么一个40年的发展过程。最后到了我们中国就叫海绵城市。

2. 学习国外收费制度经验

我们在学习国外LID等概念的过程中，要吸收好的经验，也要避免错误和教训。吸收好的经验，我认为最值得借鉴的一个宝贵经验就是收费制度。收费制度中污水处理费是供水费的3倍。其次超标雨水排放也要收费的，雨水排放的收费标准是按照每家每户的不透水面积来收费的。如果屋顶是绿化的，或者有雨水收集措施的，那就可以适当减免，这项收费是按年收费的。

关于这一点我和北建工的李俊奇教授（《海绵城市建设技术指南》第一作者）都认为我国在几年后一定要实行关于雨水排放的许可和雨水排放的收费制度。因为只有这样的制度管理，才能使每家每户自觉自愿地从源头上做到减少污染和雨水的排放。

3. 低影响开发的介质一定要规范化

至于错误和教训，就是不要把海绵城市变成新的污染源。低影响开发的介质一定要规范化，这也是美国西雅图曾经历过的教训。美国西雅图市华盛顿湖的氮磷超标一直找不到原因，几年后才知道是雨水花园所使用的有机介质磷、氮超标，并随着雨水径流进入受纳水体成为新的面源污染。所以余年老师就根据西雅图的案例总结道"海绵城市，莫让它成为新的污染释放源"。

记：中国海绵城市的特色何在？

赵：

1. 要因地制宜，根据地方实际来建设海绵城市

在中国建设海绵城市，首先应该是要因地制宜，因为中国的经济社会发展和地域性差异太大，南方北方、东部西部的自然条件差异，包括土壤、降雨、气候等等都是不一样的。要考虑这么多的差异因素，在海绵城市的实施上就不能一刀切。其次从海绵城市的实用来说，在中国很多地区也是有很多不同的声音。南方说：我们的城市降水很多，我们不缺水，只是水质型缺水，为什么要搞海绵城市？北方和西部的城市认为：我们的降雨非常少，还有必要做海绵城市么？东部城市又说：我是城市密集区，没有条件做海绵城市。

2. 海绵城市适用于所有的气候和土壤

关于以上这些观点的讨论，我非常赞成2015年在美国召开的LID年会上的一个观点，就是认为海绵城市是适用于所有的气候和土壤的。特别在中国的城市中，越是老城区越是要见缝插针的建设海绵城市，来减轻排水防涝压力和城镇面源污染，改善生态环境，缓解城市热岛，甚至缓解雾霾。在2015年9月29日李克强总理召开的国务院常务会议中，有一个重要议题就是推进海绵城市建设，第一条就是要结合棚户区旧区改造建设海绵城市。

记：乡村的海绵城市怎么做，乡村普遍缺乏污水处理设施怎么办？

赵：海绵城市最主要的方式就是就地分散，这也就是地表径流及面源污染控制。中国偏远乡村一般是几十户集中在一起居住生活的，不像城市那样集中。关于这方面，我可以给你们提供一个做得很好的案例。在2012年元旦的时候我曾去阳澄湖的莲花岛，那里近年开发了很多农家乐旅游项目，在排污方面由于地理上远离城市和污水量不够到建立污水处理厂的标准。因此他们采用了德国的垂直流湿地的方式来就地

处理生活污水。由这个例子说明乡村的海绵城市应该注意就地处理和生物作用两方面。

记：海绵城市是规划行业的转折点吗？
赵：总的来说，我认为海绵城市标志着一个生态价值观的转变。

1. 现在的规划需要生态与经济结合的顶层设计

关于这个问题，首先我们可以从顶层设计——生态与经济来谈。以温岭东部新区为案例，与温岭东部新区的蒋招华书记一起总结经验，思考LID最好的管理方式是什么？东部新区的海绵城市推广效果出乎意料的好，而且操作落实得也很好。总结的第一个经验是规定明排不能暗排，就是说雨水一定要通过溢流池明排到排水管道，规定明排了以后，业主不敢乱接，还要用这池水，所以污水就不会混进去。第二个经验是政策引导，东部新区除了编制规划，制定一些规划的要求以外，政策上对LID也有补贴，还有一些具体规定。第三个经验是综合利用，消防部门要求每个厂区有一个消防蓄水池。平时水池蓄水用于绿化浇灌和场地冲洗，天热时金鸿食品机械厂就抽蓄水池水到屋顶用于厂房降温。还有一个重要原因就是水价。我2014年11月份去现场的时候，跟建设方做了一个交流，我问你们做这个蓄水池，包括这一套装置大概要多少钱？不到五十万元，为什么他们愿意投？我们温岭的工业水价是每立方米6.1元，业主算了一下，不到10年就可以收回投资，所以水价也是一个很重要的因素。所以这几个因素综合起来，效果出人意料的好。东部新区的案例证明我们现在的规划需要生态与经济结合的顶层设计。

2. 海绵城市就是生态城市

其次，2015年10月9日的国务院政策吹风会上，住房城乡建设部副部长陆克华在会上提出了"就地消纳，吸收利用"的建设目标，同时提出了海绵城市的六字核心——"渗、蓄、滞、净、用、排"。这里为什么把"渗"放在了第一位呢？就是习近平总书记讲的，通过土壤来渗透雨水，这样可以避免地表径流，减少从水泥地面、路面汇集到管网里雨水，可以涵养地下水，补充地下水的不足。通过土壤净化水质，还可以改善城市微气候。从国外的经验看，土壤有一定的含水量后，白天可以适当蒸发，能够调节微气候。所以把渗透放在了第一位。由此看出整体的城市规划理念就发生了转变，海绵城市可以说就是生态城市。为什么呢？因为海绵城市中的水文循环就是一个关于水、土、空气等的良性循环。在生态城市概念中最重要的方面是两个，一个是水，一个是绿，在这其中水也是最关键的方面。我曾经说过"水为天地之媒"。水在土和空气间起到了很重要的媒介作用。因此我说海绵城市就是生态城市。

3. 海绵城市同时又是智慧城市

最后，我认为海绵城市同时又是智慧城市。智慧城市就是涉及了很多大数据的设计方法。我们在做海绵城市的规划设计和分析中就涉及很多大数据的方法。我们城市规划行业从理念到设计方法再到价值观都要转型。

受访者简介

赵敏华，上海市水务规划设计研究院副总工。

1.温岭东部新区效果图
2-3.西雅图SEA street

主题论文
Top Article

海绵城市LID系统建设要点及误区探讨

Discussion on Key Points and Misunderstanding of Sponge City LID System Construction

康 丹 康 宽
Kang Dan Kang Kuan

[摘　要]　建设海绵城市是党中央和国务院为推进生态文明的全国建设重大决策。本文介绍了国内海绵城市LID系统建设现状和面临的问题，并对建设要点和误区进行探讨，为全国海绵城市建设提供参考。

[关键词]　海绵城市；LID；城市内涝；水环境污染

[Abstract]　Sponge city construction is a major policy decision to promote the construction of ecological civilization made by the Party Central Committee and State Council. Firstly the present situation and problems of sponge city LID system construction in China is introduced, then the key points and misunderstanding of sponge city LID system construction is discussed, providing reference for sponge city construction.

[Keywords]　Sponge City; LID; City Flood; Water Environmental Pollution

[文章编号]　2016-72-A-008

1.基于排涝模型的城市内涝模拟分析图

一、背景

近年来，城市水环境问题突出。我国城市水环境污染严重，部分甚至发展为黑臭水体。以武汉为例，中心城区有湖泊40个，仅15个达到其水质管理目标，大部分水体水质劣于V类。伴随城市扩张，城市内涝也愈演愈烈。据国家防办统计，截至8月17日，2015年已有154个城市因暴雨洪水发生内涝受淹，受灾人口255万人，直接经济损失达81亿元。为解决不断突出的城市内涝和水环境污染等矛盾，2013年12月12日中央城镇化工作会议上，习总书记提出要大力建设自然积存、自然渗透、自然净化的"海绵城市"。自此，建设海绵城市成为党中央、国务院推动的全国建设重大决策。2015年9月29日国务院总理李克强主持召开国务院常务会议，部署加快海绵城市建设，提出海绵城市建设要与棚户区、危房改造和老旧小区更新相结合，从2016年起在城市新区、各类园区、成片开发区全面推进海绵城市建设，正式拉开了全国范围内海绵城市建设的帷幕。

虽然全国各地推进海绵城市的热情高涨，海绵城市LID系统建设却并不顺利。下面结合海绵城市LID（即低影响开发，下同）系统建设实践经验，就其建设中存在的问题、要点和误区进行探讨，为全国海绵城市建设提供参考。

二、建设现状及面临问题

1. 建设情况

（1）全国LID工程实践

早在海绵城市提出之前，国内已有绿色屋顶、生态景观水体、雨水桶等LID工程技术的应用，多应用在建筑、公园和小区内。深圳、镇江和嘉兴等城市借国家水专项试点机会已经率先开展LID系统研究和推广应用。

为改变城市内涝严重、水生态脆弱的现状，深圳市于2009年正式启动面积达150km²的光明新区LID雨水综合利用示范区的创建工作，目前已进入推广应用阶段，一批LID示范工程已经建成。

镇江和嘉兴结合国家水专项示范城市的创建，已经开展了LID在雨水径流污染方面的应用研究和工程实践。

（2）海绵城市试点建设情况

2015年4月，重庆、武汉、镇江、嘉兴等16个城市成为全国首批海绵城市试点城市，中央财政对这些海绵城市建设试点给予专项资金补助。海绵城市试点建设分为三年（2015—2017年），每个试点城市的连片示范面积不得小于15km²。需强调的是，海绵城市试点建设包括但不限于海绵城市LID系统建设，还包括排水管网、泵站、堤防、内涝排放调蓄设施等城市排水和水利工程建设。

截至目前，除少部分城市外，大多试点城市还处于前期研究设计或工程施工启动阶段。在海绵城市试点建设的带动下，上海、北京、无锡等非试点城市也纷纷启动海绵城市建设。

2. 海绵城市LID系统建设面临问题

（1）尚未构建系统全面的标准体系

2014年10月22日，住建部发布《海绵城市建设技术指南—低影响开发雨水系统构建（试行）》，这是第一个也是目前唯一一个关于海绵城市建设的全国标准，提出了海绵城市LID系统建设的基本原则、规划目标分解、构建内容、要求和方法等。

深圳在LID建设标准和制度制定方面也进行了一些先行探索。深圳于2013年12月颁布了全国首个LID标准文件——《深圳光明新区建设项目低冲击综合开发雨水综合利用规划设计导则（试行稿）》，并于

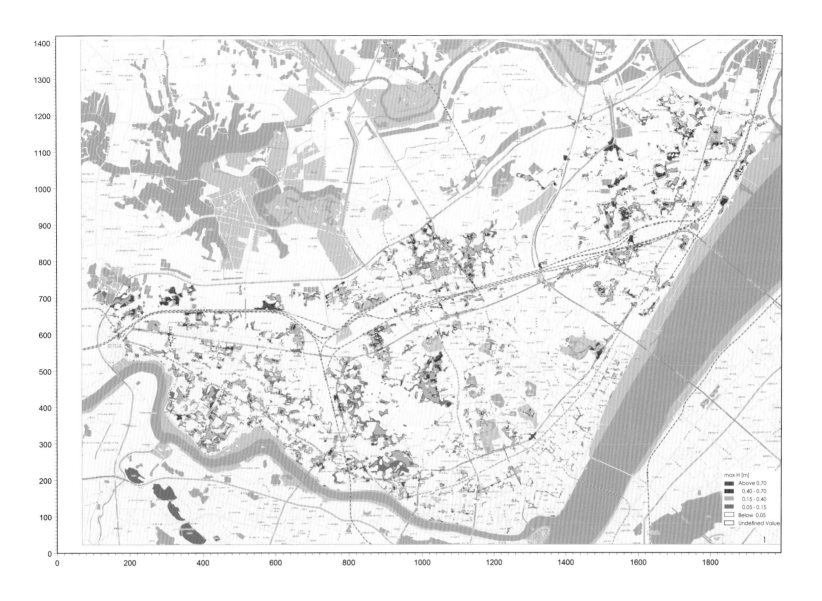

max H [m]
- Above 0.70
- 0.40 - 0.70
- 0.15 - 0.40
- 0.05 - 0.15
- Below 0.05
- Undefined Value

2014年7月颁布了《深圳市光明新区低冲击开发雨水综合利用规划设计导则实施办法（试行）》，将LID的建设要求纳入城市建设程序的全过程进行管理。

南宁、武汉、厦门、重庆等16个海绵试点城市纷纷结合地区特点和需求，已经或正在编制指导LID建设的地方设计导则和政策。

《武汉市海绵城市规划设计导则（试行）》已于2015年8月7日由武汉市水务局、武汉市规划局等四部门联合发布。该导则提出了武汉市海绵城市建设的分区规划目标，构建了海绵城市规划编制体系和技术评估体系，规定了武汉市海绵城市规划和设计的原则、基本流程和技术要点，为武汉市海绵城市的建设提供指导。

但是，以上标准多停留在规划设计阶段，比较抽象和概化，未能构建指导海绵城市LID系统规划、设计、评估、施工、维护和管理等全过程的标准与政策体系，不能满足指导海绵城市LID系统建设需要。

（2）技术储备严重不足

国内从提出海绵城市到现在，不足一年的时间，其中LID设施的工程设计和实践经验少，技术储备严重不足。主要包括以下三个方面：

①专业人员不足

国内海绵城市LID系统设计和建设的专业人员严重不足。目前我国现有海绵城市LID系统设计和建设多由排水工程和园林景观设计人员共同承担，欠缺相关设计和建设经验，且缺乏系统的标准指导，专业水平难以满足海绵城市建设要求。

②信息和资料不全

海绵城市LID系统设计和建设需要大量的基础资料，主要包括多年降雨实测资料、地下水水位及水质、地面径流量及污染物分布特征、土壤性质、现状管网等。大部分城市都难以收集齐全或欠缺相关研究，影响海绵城市LID设施方案设计和建设。

③排水模型平台尚未建立

排水模型是海绵城市设计、审核和评估的重要手段，对LID系统建设尤其重要；目前国内排水模型应用尚属起步阶段，大部分城市的管网排水防涝模型尚未完全建立，给全国海绵城市LID系统建设造成了阻碍。

（3）无本地实施建设经验

国外已有几十年与海绵城市LID系统建设理念类似的城市建设经验，如美国的LID和绿色基础设施建设理论、澳大利亚的水敏感城市建设理念等，并有较成功的应用案例。但是在国内无太多实践经验，而且国内城市大多存在建设密度高、用地紧张、绿地少、地面径流污染物浓度高等特点，国外建设经验不能照搬照抄，同时我国疆土辽阔，自然水文和气象条件各有不同，不同城市之间经验也难以借鉴，加大了我国海绵城市LID系统建设大范围推广的难度。

美国西雅图High Point社区是一个典型的将LID理念应用社区改造的案例，多次获得国内外奖项。该社区在2003年启动重建时，设计者综合使用了植草

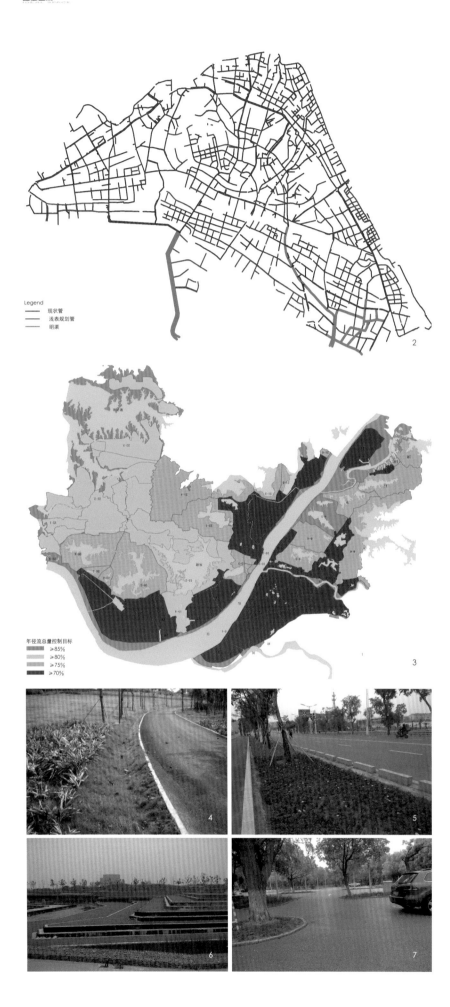

图例 Legend
—— 现状管
—— 浅表规划管
—— 明渠

2

年径流总量控制目标
>85%
>80%
>75%
>70%

3

4

5

6

7

沟、雨水花园、调蓄水池等多种LID技术，并将这些技术与园林景观相结合，创造性地将儿童游戏场地、池塘公园等开发空间的地下部分设计成了雨水储蓄设施，并通过减少道路宽度和街边的植被浅沟的设置来营造舒适的步行系统，将其营造成一个舒适、生态、优美的绿色社区。

High Point社区在西雅图是一个典型的高密度居住小区，但是与国内居住小区相比，人口密度仅为国内普通小区的1/8～1/6左右，公共空间占比却高得多，同时，国内小区地下空间大多作为停车场利用，实施条件截然不同，不能将国外经验直接套用。

三、建设要点

1. 恢复自然水文循环

海绵城市LID系统设计的最终目标是接近自然生态循环，即实现开发后的径流总量和径流峰值达到开发前的状态，削减径流污染物，保护水体水质，增加下渗补充地下水等。这是海绵城市LID系统设计和建设的基本原则，也是贯穿全过程最重要的原则。

2. 让自然做功

海绵城市LID系统最大的优势就是利用自然的力量将雨水留下来，让自然做功，其实质是充分利用植被和土壤的生物化学反应，吸收截留雨水和雨水中的污染物质，如下凹式

表1 海绵城市LID系统设计和建设主要基础资料一览表

编号	分类	
1	气候	多年降雨实测资料（最好在30年以上）
		典型场降雨实测资料（降雨量以分钟计）
		蒸发量资料
2	土壤	土壤类型
		土壤渗透率
		土壤污染特征
3	水系	地表水系布局及水质
		地下水水位及分布
		地下水水质
4	场地条件	红线范围
		土地利用现状
		植被覆盖情况
		汇水面积
		径流及径流污染物特征
		排水管网及出路
5	规划要求	规划用地性质
		区域排水分区及规划方案
		城市改造及建设计划
		其他规划及标准要求

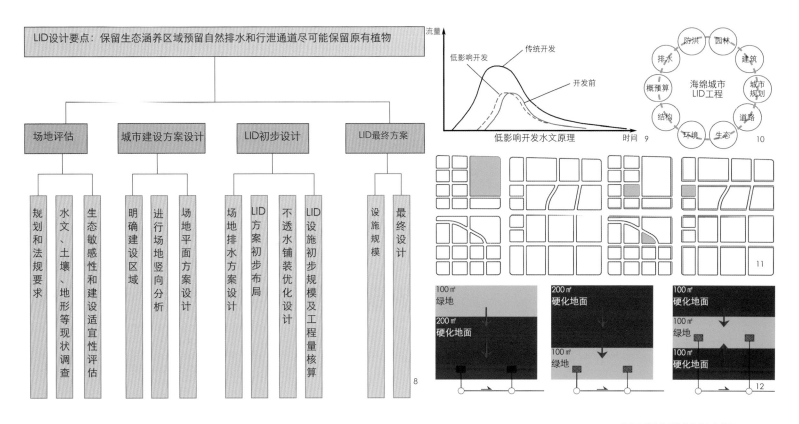

2.基于排涝模型的排水管网拓扑图
3.武汉市排水分区年径流总量控制目标分解图
4-7.雨水花园图
8.新建区海绵城市LID方案设计流程图
9.海绵城市低影响开发水文原理示意图
10.海绵城市LID工程相关专业示意图
11.绿地布局模式对比图
12.绿地与不透水地面布局方式对比图

绿地、绿色屋顶、雨水花园等的运行原理都是如此。海绵城市LID系统让自然做功的好处是设计和建设成本低,易于维护。

3.源头分散控制

海绵城市LID系统设计原则尽可能模仿自然,包括模仿城市开发前雨水就地入渗、就近滞蓄的状态,因此海绵城市LID设施要满足源头渗滞和分散布置的原则;这样也能减少转输管道和泵站的工程量,同时降低或避免污染物转移至下游的风险,利于雨洪灾害和雨水径流污染事故的控制。

4.多功能复合

海绵城市LID设施往往具有非独立性的特点,不单独占地,而是与绿地、道路、建筑等合并设置,同时承担雨水渗滞、道路交通、景观等两种及以上功能。考虑到我国城市人口密度大、城市建设用地资源紧张的特点,海绵城市LID建设更有必要坚持多功能复合的原则。

四、海绵城市建设误区探讨

结合武汉市海绵城市试点经验,总结海绵城市建设存在以下五方面的误区,导致偏离设定目标。

1.功能认识不明

关于其功能定位有两种极端的认识,一种是万能论,海绵城市LID系统建设后,就可以消除包括城市内涝、水环境污染在内的所有水环境问题,二是无用论,海绵城市LID系统仅控制降雨前期20~40mm左右降雨,对城市水环境问题的解决是杯水车薪,作用微小。这都是错误的,前者夸大了海绵城市建设的作用,后者则对其作用认识不足。

海绵城市LID系统建设的主要功能是通过对中小降雨的控制,加大城市径流下渗,延缓城市径流产生和峰值形成时间,实现城市开发后水文循环达到开发前的状态。即使实施了海绵城市LID系统,仍需建设排涝管网和泵站排放城市内涝雨水,建设污水系统处理城市污水;但是海绵城市LID系统建设后可大大削减内涝峰值,截留径流中的大部分污染物质,减少水土流失,从而大幅降低城市排涝管网和泵站的建设标准,减少末端污染截流设施的规模甚至避免其设置,节省水土保持工程投资等。因此海绵城市LID系统建设应与城市其他防洪排涝基础设施同步实施,互为补充和支持,协同解决城市水环境问题。

2.设计和建设欠缺系统思维

目前,有一种关于海绵城市LID系统建设的误区,认为在原有的城市设计和建设的基础上,将绿地下凹、铺装透水、雨水调蓄就能实现了海绵城市LID系统的构建。

以一个新建区的海绵城市LID系统建设为例,首先应按照海绵城市LID理念进行建设用地布局,保留足够的生态涵养区域、预留自然排水和行泄通道、尽可能多地保留原有植被;然后在城市方案设计阶段,应减少和隔断不透水面积,减小地面坡度,恢复或延长地表汇流时间;最后再结合城市方案进行海绵城市设施方案的设计,包括技术的选择、布局及优化、规

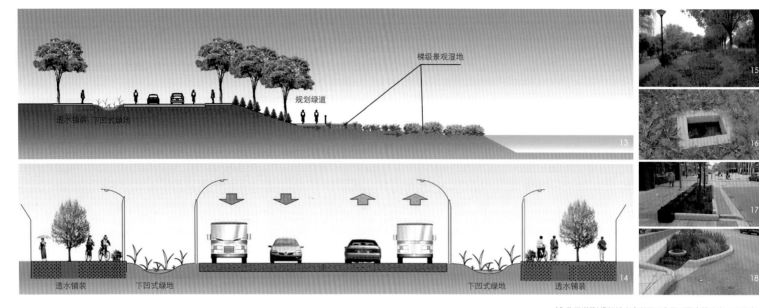

13.临渠道路LID设计方案断面示意图（图中箭头表示雨水流向）
14.武汉市某道路标准断面图
15-18.街头多功能复合绿地
19. High Point 社区 雨水
20.High Point 社区滞留塘
21.宾夕法尼亚大学休梅克绿地内的雨水花园

模设计等。

可见海绵设施方案设计仅是海绵城市设计后期的一个步骤，将海绵城市设计和建设等同于一种或几种工程技术的设计和建设是欠缺系统思维的表现。

图11为城市建设用地布局的两种方式，分别采用集中和分散布局，分散布局模式能更好地满足LID设计要求。

图12为绿地对硬化地面的不同隔离效果。雨水从绿地经硬化地面入城市管网，有利于绿地对不透水地面雨水中污染物的截流，体现海绵城市LID设计理念，方案较优。

3. 建设形式模式化和单一化

2015年武汉市某海绵城市试点区第一批实施道路近十条，道路红线从15m到30m不等，道路长度从几百米到2km不等；道路周边用地性质也不尽相同，有商业区、居住区和公共绿地，还有的道路临渠而建。设计师在进行道路海绵建设的初步方案设计时，全部按照图14思路进行设计，即将树穴改造为带状下凹式绿带，人行道改造为透水步砖。

显然每条道路的初期的径流污染特征和景观风格要求不同，其绿化带宽度也不同，设计人员不考虑各道路的实施条件和建设需求，采用单一的建设模式进行设计，忽略工程经济效益分析和景观需求匹配等，必将导致城市建设模式的单一化，也带来了工程投资的浪费。

图13道路LID建设方案应因地制宜设置，譬如对商业区内道路雨水入下凹式绿带前增加初期雨水弃流和就地处理；临渠道路雨水分流部分入港渠内雨水花园处理；绿化带较窄道路增加部分调蓄模块等。

4. 忽略专业配合

海绵城市LID设施的多功能性要求专业之间的良好配合与协调，避免顾此失彼。图17中绿地较好地复合了雨水下渗、市民休闲和景观功能。

图15为某雨水花园实景图。图中红色虚线标注范围为具有雨水下渗过滤功能的雨水花园。由于设计之初未考虑雨水花园对植物耐涝性的要求，导致栽种的植被大多未能成活，雨水花园景观品质下降。

5. 建设模式粗放

海绵城市LID设施多设置在源头，针对中小降雨而建，汇水面积小，设施规模较小，海绵设施务必要进行精细化设计和建设，确保设施达到设计效果。部分城市在建设海绵城市LID设施时，由于设计和监管不到位，导致透水路面不透水，下凹式绿地下凹深度不够甚至高于周边地面高程，下渗和蓄水功能丧失，最终不得不返工建设，造成资金浪费和工期延长，这都是粗放建设所致。

图16为某下凹绿地溢流口实景照片。溢流口开敞且与绿地平齐，泥沙易随雨水进入溢流口，几场降雨后，排水管道就被泥沙堵塞，溢流功能丧失。图

18中溢流口设置了超高和格栅，则可以减少甚至避免泥沙进入，减少维护量。

五、结语

海绵城市LID系统以恢复自然生态水文循环为终极目标，其建设对我国新型城镇化进程意义重大，是解决城市水环境问题、实现城市可持续发展的必要条件，我们应该坚定不移地推进海绵城市LID系统建设。但同时，海绵城市LID系统在国内的建设经验不多，一方面要学习国外城市先进经验，另一方面更要加强本地研究，注重前期研究和方案设计，稳步推进海绵城市建设。

作者简介

康丹，武汉市政工程设计研究院有限责任公司，高级工程师，注册公用设备工程师（给水排水）；

康宽，武汉市规划研究院，工程师。

2015年国内媒体报道城市暴雨积水事件分析
Analysis of Chinese Media Reports on Urban Stormwater Events in 2015

姜晓东 毛立波 李树平 陈盛达
Jiang Xiaodong Mao Libo Li Shuping Chen Shengda

[摘　要]　暴雨积水是城市考虑的重要灾害之一。为了解决城市暴雨影响及灾害原因，及时跟踪媒体报道，统计分析了2015年主要城市暴雨积水事件。结果表明，2015年的暴雨频发期是5—8月，暴雨事件会造成城市积水，交通、电力、通讯中断，地质灾害，疾病传播，甚至危及生命安全。同时，从自然和社会因素两个方面分析了致灾原因，并提出了一些防治意见。

[关键词]　城市暴雨；积水事件；内涝；媒体报道

[Abstract]　Storm water is one of the disasters in cities. In order to understand urban stormwater impact and harms caused timely, stormwater events in 2015 are collected according to Chinese media reports. The results show that the stormwater events occurred frequently from May to August. And a series of damages, such as waterlogging, traffic disruption, power disruption, communications disruption, geologic, disease spread and mortal danger, resulted from heavy rainfall. What's more, the main factors accounting for rainstorm calamities are being demonstrates in terms of natural and social environment, and some views are put forward.

[Keywords]　Urban storm; Flooding events; Flooding; Media reports

[文章编号]　2016-72-A-014

1. 2015年国内媒体报道的暴雨积水事件空间分布图
2. 2015年148场有降雨量记录的内涝灾害事件雨量分布
3. 2015年国内媒体报道的暴雨事件时间分布图

一、引言

随着经济发展，我国正在不断地推进城市化进程。但城市化带来土地不断硬化，据相关数据显示，我国国土面积中地面硬化面积已超过3 000万km²，同时，我国降水受东南季风和西南季风控制，冬夏盛行风向有显著变化，随季风的进退，降水有明显的季节性变化，主要集中在6—9月，占到全年的60%~80%，北方甚至占到90%以上。为了解我国暴雨内涝的特点和影响，每月利用网络媒体搜索关键字"暴雨、积水"，共收集和整理了2015年1月至9月396场城市暴雨积水事件相关数据，在此基础上分析暴雨积水事件的原因、影响，并提出一些防治的意见。

二、暴雨积水事件统计

1. 暴雨事件的时间分布

统计2015年国内媒体报道的城市暴雨积水事件发生的时间，2015年降雨极值出现在8月份，7—8月为全年暴雨事件频发时期，5—6月次之，从整体来看，降雨基本集中在5—8月，1—2月降雨少，暴雨积水事件相应也少。

根据表1可知，2015年暴雨积水事件主要集中在5—8月份，占全年90.66%，在15%以上的月份有5月、6月、7月和8月。

2. 暴雨事件空间分布

我国幅员辽阔，从北到南，包括寒温带、中温带、暖温带、亚热带、热带等温度带和一个特殊的青藏高寒区。各地区降水强度差异也很大，故暴雨积水事件发生频率存在较大差异，2015年暴雨积水事件基本以东南沿海一带、西南部分区域为主，东北地区和西北地区比较少。

从表2中可以看出，2015年最高发生在福建省，西藏、宁夏、香港、澳门为发生暴雨积水事件。

三、暴雨事件分析

根据暴雨强度和城市受灾严重程度对2015年数据进行筛选，选出最具代表性的10场暴雨积水事件。

1. 暴雨积水成因分析

暴雨强度大是造成内涝的直接原因，因为我国季风气候明显，大陆性气候强，气候类型复杂多样，造成我国降水年际变化大，夏季降雨多，暴雨频发。

2015年有雨量记录的148场降雨中，雨量集中在50mm以下，51~100mm，101~150mm三个区间。根据中国气象规定，每小时降雨量15mm以上，或连续12小时降雨量30mm以上，或24小时降雨量达50.0mm以上为暴雨；24小时降雨量为100~249.9mm为大暴雨，251mm及其以上为特大暴雨，148场降雨数据中，达到大暴雨级别的有55次，占统计数据的37.2%，特大暴雨级别有15次，占统计数据的10.1%，所以暴雨强度大是造成内涝的主要原因。

2015年5月20日广东广州平均降雨超50mm，最大达到302mm；5月27日广东海丰县降雨量达303mm；6月26—29日河南信阳市累计平均降雨121mm，最大降雨349.5mm；7月14日贵州铜仁市最大降雨量303mm，1小时最大降雨强度79.7mm；7月21日福建龙岩市降雨量接近300mm，均达到特大暴雨强度。

对148场有降雨量的数据的分析可知，降雨量低于50mm的有28场，占统计数据的19.0%，其中部分地区降雨量甚至只有十几毫米，却造成了较为严重的内涝事件。

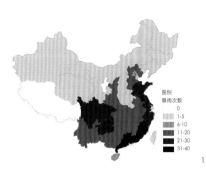
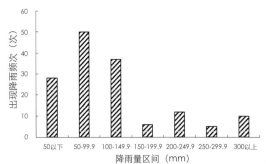
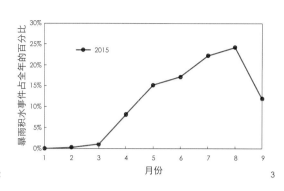

2015年6月27—28日，新疆乌鲁木齐降水量为28.1mm；7月21日，山东济南降雨量为11.3mm；8月2日，甘肃庆阳平均降雨量为22.8mm；8月17日，黑龙江哈尔滨累计雨量28mm，以上各地均出现了严重积水，多地积水达到40cm，有的甚至达到1.24m，其中乌鲁木齐四十余段道路受影响，严重影响正常交通秩序。

2. 暴雨积水影响分析

（1）城市积水，严重影响交通

由于暴雨雨量大，当城市排水系统不能满足排水需求时，容易引发内涝，影响正常城市交通秩序。在统计的396起暴雨积水事件中，均不同程度出现了城市积水，多路段交通受阻，其中，7月23—24日，湖北武汉市64条路积水，24条道路交通中断；8月2日，陕西省咸阳市5座下穿式立交出现不同程度积水，其中4座立交积水严重，市政人员不得不紧急封闭立交桥。

（2）造成生命、财产损失

暴雨发生时，道路或涵洞积水过深，有的地点积水带电，危及市民生命财产安全，同时，低洼地区商铺和一层居民，进水情况频繁，农渔牧业受损，造成严重的经济损失。暴雨时常伴随大风天气，大风可能将市政景观树木吹断，砸伤行人。2015年7月27日，陕西西安发生大风刮断行道树的树枝，砸中行人头部事故；5月14日，广东韶关受灾人口达8 994人、转移人口804人，受灾人员通过投亲靠友，就近安置至闲置学校等方式得到了妥善安置，农作物受灾面积达1.24万亩；5月18—22日，福建三明、龙泉、泉州等地29.9万人受灾，9人死亡，2人失踪，直接经济损失30.6亿元。

（3）航班取消、船舶停运、列车延误

强风雷电天气影响飞机的正常起降，导致航班延误或取消，由于强风造成江面或海面浪潮较大，船舶无法正常运输，同时暴雨雷电天气，尤其是台风天

表1   **2015年国内媒体报道的暴雨事件时间分布表**

年份	月份	1月	2月	3月	4月	5月	6月	7月	8月	9月	合计
2015年	事件/场	0	1	4	32	60	68	88	96	47	396
	百分比/%	0.00	0.25	1.01	8.08	15.15	17.17	22.22	24.24	11.87	100

表2   **2015年国内媒体报道的暴雨事件空间分布表**

省份	2015年	省份	2015年	省份	2015年
北京	9	湖北	17	甘肃	5
上海	2	安徽	17	天津	4
重庆	13	湖南	16	山西	3
福建	37	陕西	15	内蒙古	3
广东	32	江西	15	青海	2
浙江	25	河北	12	台湾	1
四川	24	海南	10	西藏	0
山东	24	新疆	5	香港	0
江苏	24	辽宁	5	宁夏	0
贵州	22	吉林省	5	澳门	0
云南	20	黑龙江	5	合计	396
广西	10	河南	5		

表3   **2015年国内媒体报道的10次较大暴雨事件一览表**

省份	城市	日期	降雨状况	影响概述
广东	东莞	5月7日	最大降水量达到239.1mm	城区积水严重，最大水深约0.5m。石龙镇东江、金沙湾等多条支流河水暴涨，西湖官厅村一处空地发生山体滑坡
	韶关	5月14日	229mm	受灾人口达8 994人、转移人口804人，受灾人员通过投亲靠友、就近安置至闲置学校等方式得到了妥善安置，农作物受灾面积达1.24万亩
	广州	5月20日	平均超50mm，最大达到302mm	城区积水严重，共造成10处道路塌方，周围乡镇农田约600亩受浸约30户房屋入水，2户旧农房受浸倒塌。未造成伤亡
福建	龙岩泉州	5月18—22日	暴雨	29.9万人受灾，9人死亡，2人失踪，直接经济损失30.6亿元
	龙岩	7月21日	接近300mm	5个县区32万多人受灾，倒塌房屋3千多间。紧急转移了13万人口，直接经济损失将近5亿元
	福州泉州	8月10日	暴雨	300万用户断电，三座机场关闭，动车停运191对，多条公路受阻，多条航线停运，跨海大桥因台风暂时冠比，121万人受灾，7人受伤，32万人紧急转移安置，700多间房屋倒塌，2.8万间房屋不同程度损坏
四川	凉山	6月23—24日	229.8mm	导致19个乡镇、3.98万人受灾，倒塌房屋10间，直接经济损失2 697.7万元。失踪1人，死亡1人
河南	信阳	6月26—29日	累计平均降雨，121mm最大降雨349.5mm	交通严重堵塞，近千辆汽车受不同程度水淹，道路积水严重，乡镇河道被淹没，民房倒塌，其中商城县伏山乡多人反映手机信号中断，处于失联状态
贵州	铜仁	7月14日	最大降雨量303mm，1小时最大降雨强度79.7mm	部分路段积水，松江河水漫过河堤，救援人员紧急转移5 518人，集中安置538人，倒塌房屋55户165间，严重损毁89户178间，受灾人口8.5万人，直接经济损失2.3亿元，车辆损失312台车，商铺1100余个，大型超市1家，金融部门受损8家
北京	北京	7月17—18日	降雨193.5mm	涵洞积水严重，水深超过1.5m，多辆汽车被淹，河北镇共转移560户1 517人，房山区共7个村、1 517人进行了转移，出现一处塌方

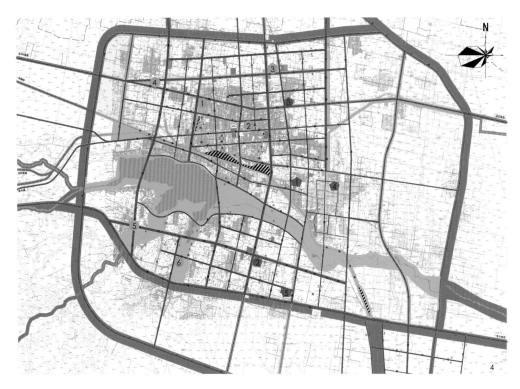

表四	城市综合公园规划表			
序号	公园名称	位置	总面积 (hm²)	绿地面积 (hm²)	下凹式绿地面积 (hm²)
1	郑兴公园	振兴街和永盛路交叉口	13.34	9.47	4.74
2	崇义园	建设街、大众路	4	3	1.5
3	春韵园（城北新区公园）	崇文大街、迎宾路交叉口东北	7.4	5.25	2.63
4	夏雨园	振兴街和崇文大街交叉口三角带	6.98	5.12	2.56
5	秋芳园	城南大道与汾孝大道交叉口东南三角绿地	27.8	20.99	10.49
6	冬凌园	新三街和新一路交叉口东南	29	22.13	11.06

表五	社区公园规划表			
序号	社区公园位置	总面积 (hm²)	绿地面积 (hm²)	下凹式绿地面积 (hm²)
1	永安路、胜溪街交叉口东北	3.7	2.63	1.31
2	迎宾路、城南大道交叉口东南	7.2	5.4	2.7
3	振兴街、永路交叉口东北	1.7	1.29	0.65
4	槐东公园（古城区）	1.9	1.36	0.68
5	旧汾介路、新三街交叉口西南	5.4	3.83	1.92

气不利于动车高铁等高速列车行驶，造成列车延误或取消。2015年6月2日，江苏无锡暴雨致航班延误，游船停开；8月10日，福建福州和泉州等地，300万用户断电，三座机场关闭，动车停运191对，多条公路受阻，多条航线停运，跨海大桥因台风暂时关闭。

（4）引发山洪、山体滑坡、泥石流等灾害

由于短时强降雨，造成山洪暴发；部分斜坡上的土体或者岩体植被覆盖率较低，或由于连日暴雨造成土地已达到饱水量，造成滑坡或泥石流等灾害。2015年5月7日和20日，广东东莞石龙镇西湖官厅村一处空地发生山体滑坡，凤冈镇一加油站后面山体有轻度塌方；5月20—21日，福建漳州一山体滑坡，造成一人重伤；7月17—18日，北京市房山区出现一处塌方现象。

（5）水电中断，通讯失联

强风、暴雨、雷电等强对流天气，极易造成城市基础设施损失，造成水电、通讯、交通中断。2015年6月23日浙江临安131mm大暴雨，引发镇区内联盟、后葛、白牛等多个行政村发生山洪灾害，部分房屋、桥梁、道路、通讯电力设施被损毁；6月26—29日，河南信阳交通严重拥堵，近千辆汽车受不同程度水淹，淮滨、商城等县区道路积水严重，乡镇河道被淹没、民房倒塌，其中商城县伏山乡多人反映手机信号中断，处于失联状态。

（6）造成污染诱发传染病

由于降雨初期，雨水溶解了空气中的大量酸性气体、汽车尾气、工厂废气等污染性气体，地面积累着各种腐殖物和动物粪便，使得积水成为"污水"。同时，由于积水造成家畜等死亡也极易造成疾病传染。2015年6月15日，广西大化瑶族自治县暴雨造成一养殖场被淹，1.6万头猪被淹死。水面漂浮着约千头死猪，另有一万多头死猪沉在水下的猪圈里。

（7）其他

在发生灾害时，武警战士、消防官兵、交警、环卫工人、市民等积极应对暴雨积水灾害，大大降低了灾害损失。2015年5月7日，云南永善大队官兵先后对6个受灾点进行施救，疏散被困群众20余人，搬运物资2 000余件，抢救群众财产价值十余万元；5月18日，江西新余一辆满载学生的幼儿园校车被困该市一处涵洞积水中，当地交通警察闻讯赶到现场，趟过齐腰的积水，来回10趟，将车内29名孩子转移到安全地带；6月3日，贵州贵阳千井村因暴雨出现严重积水消防官兵连夜救出23人；7月30日，北京在创意谷大街上，因为积水太深，居民们找来轮胎较高的装载机接送；8月3—5日，山东济南道路积水严重，一人被困水中，被公交司机救起。

四、城市防洪排涝建议

1. 强化总体规划和控制规划

在城市总体规划及控制性详细规划阶段，给城市防涝设施留下建设空间，把城市LID设施建设标准以法规的形式明确下来。

2. 做好排水专项规划

在现有法定规划中，虽有城市排水专项规划，但由于在设计和编制排水专项规划过程中，城市竖向设计和道路竖向设计并未考虑排水管网竖向设计，未能结合雨水的综合利用和排放，导致排水不畅。所以在进行专项规划时，应综合考虑各个子项目，合理划分功能分区，使排水专项规划和用地相结合，从而确定合理的排水布局，适应原来自然水系和排水条件，符合水的自然循环理论。

3. 加强雨水管道日常养护和修复工作

雨水管道运行过程中易出现淤积、堵塞、树根、管道破损、断裂等问题，加强管道日常养护和修复工作，可以让雨水管道在最佳的状态运行，有利雨水的正常排除，降低内涝风险，同时可有效地延长雨水管道的使用寿命。

4. 拆除排涝河道的障碍物和改造不合理的桥梁

城市建设与水利建设统筹协调，疏浚城市和周边区域的河流水系，降低河床底部标高，拆除河道障碍物，改造不合理桥梁，增大泄洪断面。木人在对上海市杨浦区杨树浦港河道进行调研时发现，河道在雨季非雨天，部分桥梁已紧贴水面，这十分不利于暴雨来临时，河道正常排水。

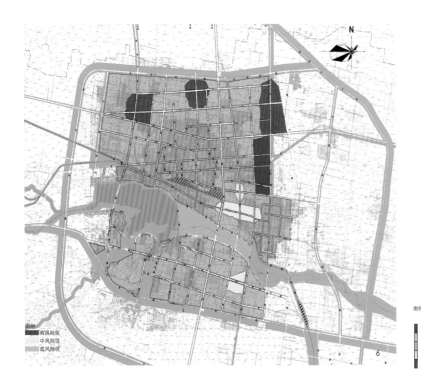

图例
节点 洪流
管段 能力

25.00　　0.25
50.00　　0.50
75.00　　0.75
100.00　　1.00
LPS

6

7

4. 某市低影响开发设施单元布局图
5. 某市基于SWMM模型的雨水管网现状图
6. 某市内涝风险评估图
7. 某市基于SWMM模型的雨水管网规划图

5. 根据"海绵城市"理论，结合当地情况改造城市基础设施

海绵城市是指城市能够像海绵一样，在适应环境变化和应对自然灾害等方面具有良好的"弹性"，下雨时吸水、蓄水、渗水、净水，需要时将蓄存的水"释放"并加以利用。其核心是从生态系统服务出发，通过跨尺度构建水生态基础设施，并结合多种具体技术建设水生态基础设施。2014年11月，《海绵城市建设技术指南》发布；2014年底至2015年初，海绵城市建设试点共组全面铺开，并产生第一批16个试点城市。该系统虽然已在上海、天津市、秦皇岛滨海地区等有成功案例，但对于不同城市，需结合城市现状进行改造以达到防洪排涝的最优化方案。

6. 建立城市排水模型，模拟城市暴雨事件，预警易积水点

随着计算机技术和城市排水管网数据不断完善，利用软件对规划工程或现有管网数据进行模拟，可预测城市排水状况，有利于预测易积水点。国外研究中，将GIS软件与SWMM-LID软件结合，通过界定地形条件建立渗漏系统，模拟暴雨发生时的径流量及污染负荷，评估工程效果

7. 完善城市防洪排涝及灾后处置管理

在灾前预警、灾时救灾、灾后防灾工作需进行规划管理，有序应对暴雨灾害。对暴雨洪灾后的公共卫生，相关部门应进行风险评估，杜绝传染病传播。

五、结语

网络媒体具有及时、海量、透明度高、真实性强等特点，有利于分析灾害的特征及部分致灾原因。但由于媒体以群众为用户群体，对于分析全面的致灾原因、暴雨的衡量标准、受灾害程度等方面，还需要从专业角度深入分析。暴雨积水兼有自然灾害与人文灾害的双重性质，解决城市内涝问题，不仅仅要从市政基础设施入手，同时要对城市的整体布局和功能区进行更加合理化的规划，完善城市排水专项规划，在改造现有市政排水设施的同时，推进类似"海绵城市"等防洪排涝景观的建设。

参考文献

[1] 江晨. 城市地面硬化弊端及其解决途径[J]. 城市问题，2010（11）：48 – 51.

[2] 谢映霞. 从城市内涝灾害频发看排水规划的发展趋势[J]. 城市规划，2013（02）：45 – 50.

[3] 李树平，刘遂庆. 城市排水管渠系统[M]. 北京：中国建筑工业出版社，2009.

[4] 俞孔坚，李迪华，袁弘，等. "海绵城市"理论与实践[J]. 城市规划，2015（06）：26 – 36.

[5] L J, B D. Evaluation of low impact development stormwater technolognes and water options for the lake Simcoe Regions[J]. 2010.

作者简介

姜晓东，同济大学环境科学与工程学院；

毛立波，山西省城乡规划设计研究院；

李树平，同济大学环境科学与工程学院，副教授；

陈盛达，同济大学环境科学与工程学院。

専题案例
Subject Case
总体规划
Master Plan

1.澧县城市设计鸟瞰
2.澧县县城绿道系统规划图
3.基地综合现状图
4.基地区位图

田园城市理念下的水敏性城市设计
——以澧州新城城市设计为例

Water Sensitive Urban Design Under Garden City concept
—Taking Urban Design of Lizhou New City

刘 泉 李 晴 杨 华
Liu Quan Li Qing Yang Hua

[摘　要]　　"水敏性城市设计"是景观都市主义影响下的景观设计思想和方式之一。而目前被极力提倡的"雨水花园""海绵城市",也可看作是"水敏性城市设计"思想影响下所产生的城市设计理念。本文将以澧洲新城城市设计为例,讲述如何利用水敏性城市设计的方法打造可持续的田园生态新城。

[关键词]　　海绵城市;田园城市;水敏性城市设计

[Abstract]　WSUD (Water Sensitive Urban Design) is the landscape design theory and method under the landscape urbanism.The currently strongly advocated "rain gardens", "sponge city" can also be seen as good practice under the "water-sensitive urban design" thought the impact of urban design. This article illustrated the urban design theme of Lizhou New City,exploring how to use the method of water-sensitive urban design to build sustainable rural eco-town.

[Keywords]　Sponge City; Garden City; Water Sensitive Urban Design

[文章编号]　　2016-72-P-018

一、引言

水敏性城市通过对城市水利和环境工程综合化处理，重新定义了城市公共空间的价值。同时，一个可持续、生态高效的现代城市结构还需要把经济发展和自然环境结合起来，形成可持续的、交互式的、公众性的、环境友好型社会。我们认为这种能够面对气候变化影响、并能提高社会经济成本效益的具有良性结构的现代城市，才可以称之为田园城市。

海绵城市专注建立雨洪收集与管理过程完善的城市，而水敏性城市则致力于综合打造集水环境、生态景观于一体的现代生态城市，目前被极力提倡的"雨水花园""海绵城市"，也可看作是"水敏性城市设计"思想影响下所产生的城市设计理念。本文将以湖南省常德市澧洲新城城市设计为例，讲述如何利用水敏性城市设计的方法打造可持续的田园生态新城。

二、项目概况

1. 基本情况

澧洲新城西邻澧县老城，东接澧县经开区，南傍生态湿地，北达澧州大道，是连接老城与经开区的纽带。经十七路、经二十路、纬十一路、临江路等主要道路交汇于此，交通优势明显，总用地面积约2.0km²。基地现状基本保持为农业特征，主要用地为村庄建设用地和农林用地。基地地形平坦且地势较低，现状水渠和河道水网众多，水面率达12.56%，水资源丰富，整体环境基质较好。但现状基地内部断头水系较多，水体流动性差，水质有待改善。

2. 水文特征

澧县地表水资源丰富，全县主要有澧水、四口两条水系，共有大小河流56条，大小湖泊45处，大中小水库114座。由于澧县整个县城地势较为平坦，县城完全依靠重力流排水较困难，所以县城设多处机埠及电排站，用于将县城内的排水抽排至本栗河。澧县县城南临澧水，在澧水水位较高时，可以关闭乔家河排水闸和兰江闸，防止澧水灌入县城内的澹水、襄阳河（统称为栗河）。随着澧水大堤及防洪工程的建设，这两处排水闸已经处于常闭状态。目前澧县县城内栗河与澧水域几近隔断，栗河水位达到一定值后，再由十回港电排站及黄沙

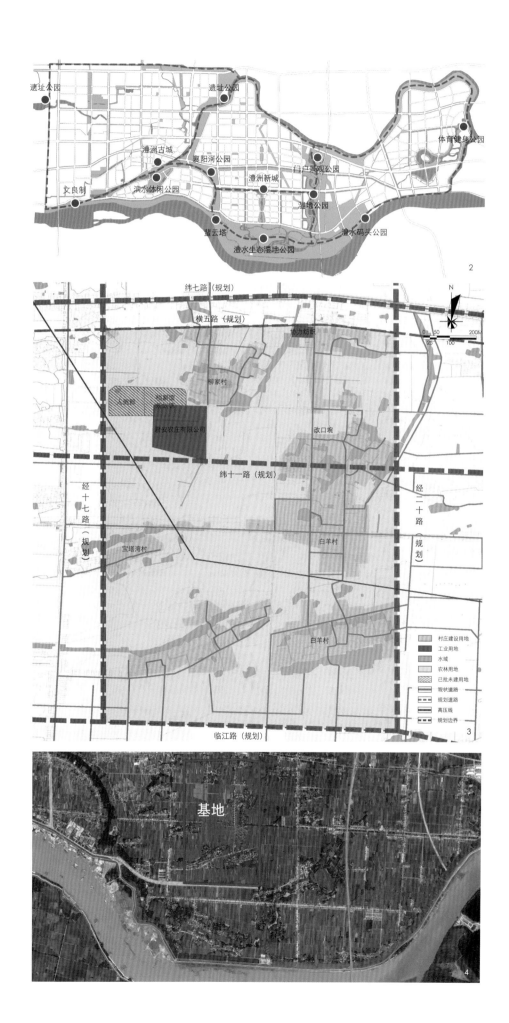

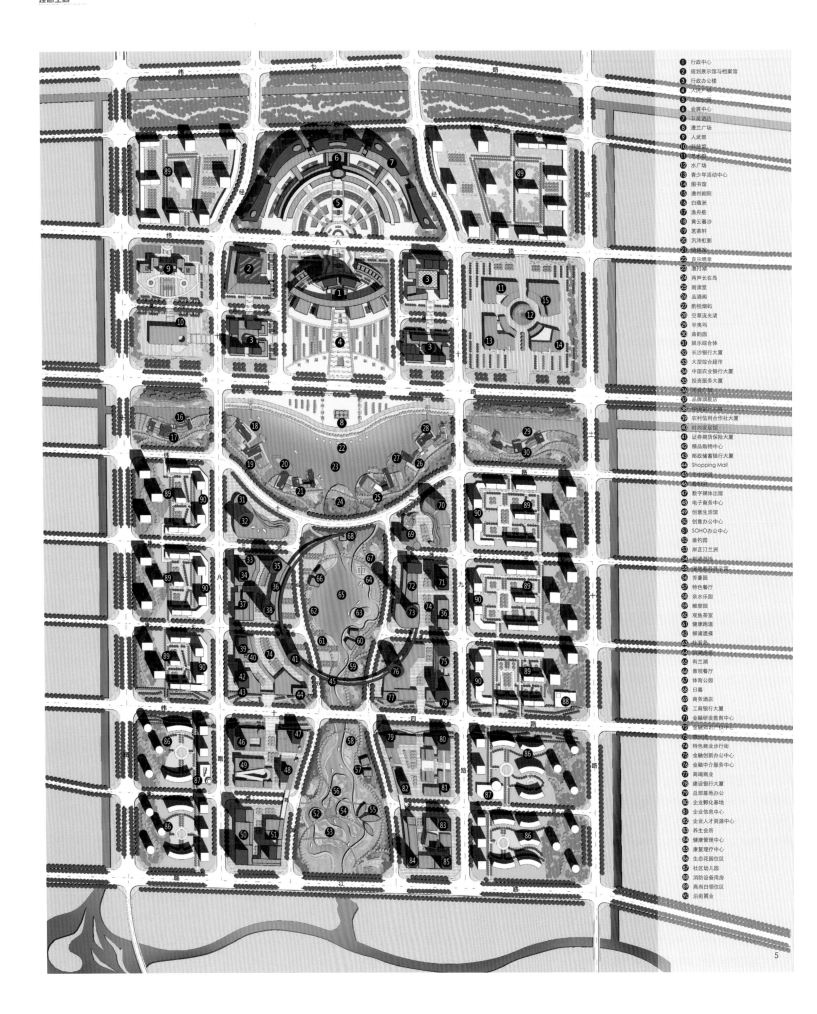

理想空间

1 行政中心
2 规划展示馆与档案馆
3 行政办公楼
4 大民广场
5 人居公园
6 会展中心
7 五星酒店
8 澧兰广场
9 人武部
10 科技馆
11 艺术馆
12 水广场
13 青少年活动中心
14 图书馆
15 澧州剧院
16 白蘋洲
17 渔舟唱晚
18 黄云暮沙
19 茗茶轩
20 汜沪虹影
21 瑞楠阁
22 音乐喷泉
23 激打滑
24 两声长上岛
25 雨读堂
26 品酒阁
27 酌翠烟约
28 空翠流光渚
29 辛夷坞
30 曲韵园
31 娱乐综合体
32 长沙银行大厦
33 大型综合超市
34 中国农业银行大厦
35 投资服务大厦
36 民俗小吃城
37 品牌旗舰店
38 中国银行大厦
39 农村信用合作社大厦
40 时尚家居馆
41 证券期货保险大厦
42 精品购物中心
43 邮政储蓄银行大厦
44 Shopping Mall
45 空中餐厅
46 名牌街
47 数字媒体出版
48 电子商务中心
49 创意生活馆
50 创意办公中心
51 SOHO办公中心
52 垂钓园
53 岸芷汀兰洲
54 荷浦遗珠
55 湿地教育展示馆
56 芳菲园
57 特色餐厅
58 亲水乐园
59 雕塑园
60 观鱼茶室
61 健康跑道
62 柳浦遗楼
63 壮若岛
64 叫浦池韵
65 有兰湖
66 景观餐厅
67 体育公园
68 日晷
69 商务酒店
70 工商银行大厦
71 金融研发教育中心
72 金融定计划中心
73 创新街
74 特色商业步行街
75 金融创新办公中心
76 金融中介服务中心
77 高端商业
78 建设银行大厦
79 总部基地办公
80 企业孵化基地
81 企业信息中心
82 企业人才资源中心
83 养生会所
84 健康管理中心
85 康复理疗中心
86 生态花园住区
87 社区幼儿园
88 消防设备用房
89 高尚白领住区
90 沿街商业

5

020

5.总平面图布点
6.湿地透视效果图

湾电排站抽排水至澧水。

功能于一体的复合城市新中心。

三、规划目标和功能定位

1.规划目标：田园新城

结合现代城市的发展趋势及对霍华德田园城市思想的演绎，总结出了澧县田园新城的六大特征：舒适宜人的绿化环境、安全慢行的交通方式、海绵时代的生态基底、多元交融的建筑风貌、城景相融的空间布局、集约利用的开发模式。

对此，澧县新城发展形成三大目标定位：国内领先的中央活力区；田园城市的最佳实践地；澧州特色的文化演绎谷。

2.功能定位：创业中枢 活力聚城

中央活力区（Central Activities Zone，CAZ），是对中央商务区（CBD）理念的一种品质和内涵的延伸。它更为注重多样性、活力持久性和空间的人性化，包括了居住、商业，有办公、酒店、公寓等多种业态的集合，基本上涵盖了从工作一直到居住等人的所有行为。

澧州新城南部核心区作为津澧地区的中心区域，应协调周边区域的发展，形成服务于区域的创智服务功能；体现澧州历史的文化展示功能及彰显澧州特色的田园生态功能。实现洞庭湖滨生态田园城市建设。打造集创智服务功能、文化展示功能、生态田园

四、规划特色——以水敏性城市设计实现田园城市愿景

1.水敏性设计的概念

水敏性城市设计（Water Sensitive Urban Design，WSUD）是城市设计与城市水循环的管理、保护和保存的结合，从而确保了城市水循环管理能够尊重自然水循环和生态过程。在国际上，其他与WSUD类似的概念包括英国的"可持续性城市排水系统"（Sustainable Urban Drainage System，SUDS）、美国的"低冲击式开发"（Low Impact Development，LID）及新加坡的"活跃、美丽、洁净水项目"（Active Beautiful and Clean Waters Programe，ABC）、中国的"海绵城市"设计思想等。WSUD理念则更全面地包含了众多可持续水管理与城市设计中的交互式因素，因此更有效地融合了未被传统水系统设计包含的种种考量，更加容易抓住当前水管理改善诉求产生的各种契机。放眼全球，水敏型城市的愿景、WSUD实践的种种成果已逐步成为定义城市尺度规划策略的主旋律。

2.设计要点——现代城市景观的生态功能

（1）城市景观发挥功能性作用

城市景观，是在区域及全球生态系统中，由"自然"与"人力"在不同的相对关系中相互作用的产物。然而，在提供空间的舒适性之外，城市景观更需具有功能性作用。本次城市设计强调生态环境的保护与合理利用，秉承"有机聚合"理念，在维护原有生态体系的基础上，保留并改造水网体系，强化以"水"为特色的景观特征，形成"河水映城，碧水环城，绿林掩城"的"城水交融"特色城市景观。

此外，设计重点在于发挥城市景观的生态功能，例如可持续水资源管理、微气候的影响、促进碳沉降及城市食物生产的潜在用途等关键性城市生态问题。基于建立对城市景观的"生态功能"的理解，促进对现代开放空间和景观特征的新"价值"的认知和判断。本次城市设计需基于对生态系统的"生态机能"的深层理解，结合基地未来作为新城中心区的凝聚力、多样性，融入澧州历史文化、原有生态基底、洞庭湖地区地域背景成为发展蓝绿景观、开放空间整合策略的驱动力。

（2）水敏型生态景观发挥生态系统服务功能

在本次项目中，通过不透水河道改为透水性自然河道、设置雨水集水箱、建造涵水景观、建筑物顶部种植植物等，实现现代城市空间中的生态功能。利用雨水收集、雨水净化处理、雨水储存再利用，保护并增强自然受纳水体环境的生态完整性，把雨水作为城市替代水源的管理模式且有助于减轻城市的热岛效应。水敏型生态景观的其他生态系统服务功能，包括减少澧县城市内涝，形成城市内的生态多样性走廊，

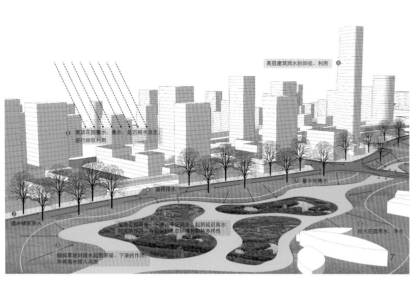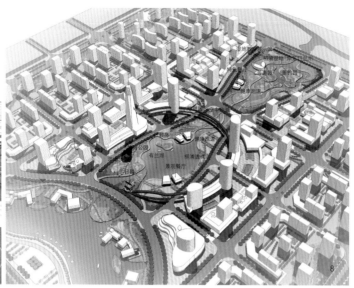

固碳并洁净空气。

3. 本区域技术和总体思路

在项目设计中，澧州新城因地制宜，探索和实践适合本区域的技术和总体思路。

（1）因地制宜、多元设计

因地制宜，依据区域水文环境、地质条件、土壤特性研究制定合理的利用措施。

（2）整体规划、有序组织

整个雨水收集、利用系统围绕整个城市的土地利用规划和开放空间有序组织、逐层削减。

（3）融汇景观、创新工艺

通过研究、实践，开创性构思设计工程措施，在实现雨水收集、过滤、下渗的同时能够实现与区域景观的统一布局和有机融合。

（4）注重生态、经济适用

整个流程设计依靠水的自然流态，结合项目主体结构，采用生态的、物理的、简易的工程措施进行辅助性优化改造，在对总造价影响不超过2%的前提下，实现对雨水的收集、净化和滞蓄功能。

五、水敏性城市设计策略：蓝环绿道，田园新城

"蓝环绿道"，即将水体元素（"蓝"）和景观元素"绿"一起融入城市设计之中，共同塑造更为慢节奏的城市，充分保存城市肌理，同时为人们提供亲近水的机会。"蓝环绿道"所构建的"蓝绿网络"对城市而言有着非常综合的作用，将其作为城市规划的基底非常重要。

"田园城市"，田园城市发展到今天，人们赋予其更多的内涵，它与绿色城市、低碳城市、生态城市、花园城市等各种城市概念有趋同性，是表达人类理想城市的综合性概念，它融合了社会、文化、历史、经济等因素，向更加全面的方向发展。

结合本项目，以下将从三个方面来讲述水敏性城市设计的策略：

1. 海绵城市四个层次的开放空间

澧州新城以生态溶解城市的理念，构建大开大合、疏密有致的城市形态，形成了自然河流景观带、生态廊道、城市绿环、社区公园和道路绿带四个层次的开放空间，为建设"海绵城市"提供了全面系统的空间基底。从规划层面确定大的"海绵空间"，如：中央绿廊、中央公园、环形绿带公园还有其他社区公园、街头绿地等，总面积约85.94hm²。

（1）中央绿廊

围绕中央绿廊，打造中央活力走廊，体现"曲水连城，蓝绿交织"，突显生态景观特征，内部布局有兰湖、雕塑园、生态湿地、体育活动场地等。中央活力走廊的面积为18.89hm²。

（2）中央公园

围绕中央公园，打造时空文化走廊，体现"城水相融、人水和谐"，在形态上，绿廊中利用雨水收集布置有湖泊、湿地；在功能上布置了文化场所、特色商业等大众活动场地，彰显出了开放性、生态性、文化性、亲民性等特色。时空文化走廊的面积为15.62hm²。

（3）环形绿带公园

环状绿带公园是环绕新区城市中心区的天然生态绿带。呼应古代营城形制，提升现代城市环境。不仅为市民提供休闲活动空间，同时还对从城市中心区排入的雨水起到调蓄作用和进一步净水作用。

（4）社区公园、街头绿地

社区公园和街头绿地是海绵城市的末梢细胞，分散在每个社区和街道，联系起整个新城的海绵系统，渗透到城市的每个角落，使澧洲新城变成会呼吸的海绵体。

2. 雨水综合利用系统

澧州新城整个雨水收集、利用系统紧紧围绕整个城市的土地利用规划和开放空间有序组织、逐层削减，开创性设计了由项目地块到市政道路、景观绿地、中央雨洪系统四个层级的雨水综合利用系统。

海绵社区的雨水收集有以下两个途径：

（1）在建筑地块内，我们采用雨水花园、生态绿地、线性排水沟、景观水体、透水路面、终端收集池等工艺，对地表径流系数较大下垫面的雨水基本做到了应收尽收。

（2）在市政道路上，大规模采用了植物滞留槽、下凹式绿带、生态草沟及集料蓄水沟等措施，在保证道路结构安全的前提下，利用收水口、装配式集料过滤池等设施，对雨水全部收集到两侧绿地进行过滤、滞留和渗蓄。

3. 通过绿道整合水绿系统

通过绿道串联澧州老城、澧州新城、产业新城

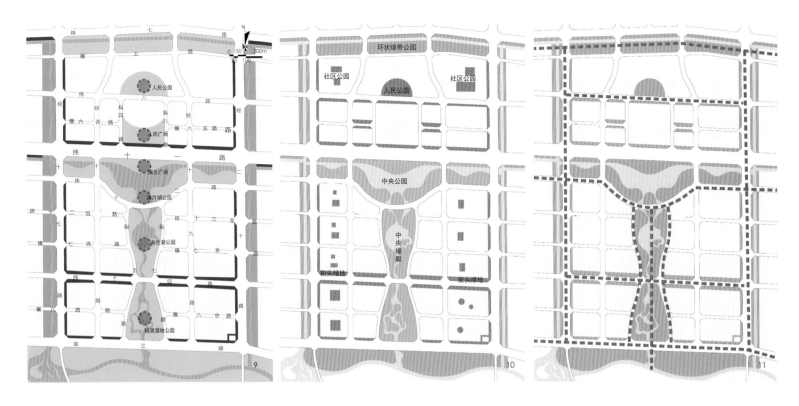

7. 海绵城市－雨水收集
8. 中心湿地
9. 绿地规划
10. 海绵空间规划图
11. 澧县南部核心区绿道规划图

三大片区的自然人文景观，覆盖主要的公共中心、生态中心及文化节点，并通过与BRT、公交站点无缝衔接，打造与市民吃、住、行、游、购、娱息息相关的绿色通道。提供人与土地、人与自然的联系通道，建立人—自然—文化的紧密联系。

未来绿道将成为澧县田园生态城市建设的重要亮点，为市民提供了一种全新的、低碳、环保、健康、绿色的生活方式，引领新的生活。

避免传统绿道建设的误区。

误区一：绿道＝自行车道，长距离借道城市道路和公路的非机动车道。

误区二：只建车道，不划绿色廊道。

误区三：只建绿道，无相关配套设施。

误区四：过于人工化，不生态，太"豪华"。

可以利用现有道路，尽量不重新铺设等级较高的硬质路面。

六、总结

虽然传统的城市设计并没有涵盖水专题研究，但其与水土环境相互作用相互影响毋庸置疑。水敏性城市设计将城市对水的敏感性根植于城市设计当中，旨在确保随着我们的城市建设密度和人口的不断增加，城市的生态机能将更好地引入和支撑我们对开放空间和城市景观的规划和创造。

水敏型城市设计实践，将专注于绿色基础设施和气候应对式设计原则的整合式发展策略，从而实现整个流域到街道尺度的供水、防洪、陆地和水生景观的生态健康。蓝环绿道的建立很好地补充了排水系统，提供了安全的城市行洪通道，这些高度连接的空间网络还可改善城市景观的生物多样性。最终，水敏型城市设计支持城市水资源的可持续发展和弹性应变能力，并创造更适宜居住和更高效的田园新城。

参考文献

[1] 张玉鹏. 国外雨水管理理念与实践[J]. 国际城市规划，2015. B05.

[2] （澳大利亚）托尼黄，王健斌. 生态型景观，水敏型城市设计和绿色基础设施[J]. 中国园林. 2014. 04.

[3] 王鹏，（澳大利亚）吉露·劳森，刘滨谊. 水敏性城市设计（WSUD）策略及其在景观项目中的应用[J]. 中国园林. 2010. 06.

[4] 袁肠洋，成玉宁. 水、植被与土地的集约——论水敏型城市地下水源地保护规划设计[J]. 中国园林，2014. 04.

作者简介

刘　泉，理想空间（上海）创意设计有限公司，规划师；

李　晴，理想空间（上海）创意设计有限公司，规划师；

杨　华，理想空间（上海）创意设计有限公司，规划师。

构建快速城市化地区绿色海绵系统
——以辽宁康平卧龙湖生态保护区雨洪调蓄系统规划为例

The Study on Green Sponge Ecological Stormwater Storage & Treatment System in Rapid Urbanization Area
—A Case Study of Wolong Lake Area of Shengyang

王云才 崔 莹 彭震伟
Wang Yuncai Cui Ying Peng Zhenwei

[摘 要] 卧龙湖生态保护区是以卧龙湖自然保护区为中心，深度受到城镇扩张、工业猛增和农业生产影响的地区，综合体现出水量减少，河流水网遭破坏，分散坑塘广布，区域汇水能力下降；城镇建设与湖区生态环境缺乏良性互动，对湖区干扰和污染较大；区域廊道系统网络化程度较低，且网络复合度低，功能单一等生态问题，其中水源急剧减少和水质恶化成为制约卧龙湖生态保护区健康发展的关键因素。立足于解决卧龙湖地区水源和水质问题，在区域生态格局研究的基础上，通过多功能复合的区域廊道网络与水收集系统、城镇乡村绿色海绵空间综合体与水质净化系统规划，耦合共生构建卧龙湖生态保护区"绿色海绵"绿色基础设施网络，实现快速城市化和工业化过程中卧龙湖生态保护区的雨洪调蓄与生态系统健康发展。

[关键词] 绿色基础设施；雨洪管理；景观规划；绿色海绵；快速城市化地区；自然保护区

[Abstract] Wolong Lake Ecological Reserve Area is centered by the natural reserve are a of Wolong Lake. Due to the urban expansion, industrial explosion and agriculture development, ecological problems such as water reduction, destruction of river water networks, wide distribution of dispersed swags, decreased ability of regional catchments, the lack of benign interaction between urban construction and ecological environment of the Lake, heavy disturbance and pollution of the Lake, low levels of regional network and single function have caused to the area, among which the sharp reduction in water source and deterioration in water quality are the key factors that restrict the healthy development of Wolong Lake Ecological Reserve Area. This paper aims at solving the problems of water sources and water quality of Wolong Lake area. Based on the study of the ecological pattern of the region, this paper and tries to make contribution to the healthy development of Wolong Lake Reserve Area's stormwater storage and treatment in the rapid urbanization and industrialization through the planning of multi-functional corridor networks and water collecting system as well as green sponge-space complex and water purification systems in urban-rural area to construct the "green sponge" green infrastructure networks of Wolong Lake Ecological Reserve Area.

[Keywords] Green Infrastructure; Stormwater Management; Landscape Planning; Green Sponge; Rapid Urbanization Area; Natural Reserve Area

[文章编号] 2016-72-P-024

一、研究背景与问题提出

1. 快速城市化地区绿色基础设施规划的必要性

城市空间的扩散效应及城市与周边区域间的交流，加快了城市向外围空间的拓展，促进了城乡间的快速融合，使快速城市化地区呈现出传统城乡发展格局不同的城乡融合区。其中快速城市化地区绿色基础设施规划的必要性主要体现在：

（1）绿色基础设施成为快速城市化地区发展的重要设施

快速的城镇化和工业化导致城乡融合区自然生态系统的快速破坏，使生态要素稳定的景观生态系统面临着彻底改变的命运和趋势。良好稳定的自然生态系统必然是一个具有"链接环节"的网络系统，并包含各种天然、人工的生态要素与风景要素，共同构成"自然的保障设施"系统。半自然半人工的绿色基础设施成为快速城镇化地区恢复和构建"保障设施"的重要途径；

（2）多功能复合的生态网络成为绿色基础设施的重要载体

区域性的生态网络在于加强区域生态联系，有效提高生态系统的内部流动。孤立和功能单一的绿色基础设施虽然也能够发挥建设的作用，但与生态网络复合的多功能绿色基础设施网络更能够有效发挥系统的整体效应和减少不必要的重复建设。"绿色海绵"系统基于区域丰富且自然存在的各种"储水器"和"连接器"，收集、滞留、净化雨（雪）水，回补地下水的绿色基础设施设计概念。一方面增强区域对暴雨的适应能力；另一方面利用雨洪水湿地系统，增强区域的汇水能力，营造具有多种生态服务功能的绿色基础设施体系。

（3）快速城市化地区经济发展与环境污染不可调和的矛盾使"绿色海绵系统"成为解决生态破坏问题的重要途径

农村地区快速扩展，农村村镇快速发展，工业园区占地迅猛，在快速城市化过程中暴露出一些典型的生态破坏问题，使规划区内生态环境严重受损。面对严峻的局面，"绿色海绵系统"成为网络化解决卧龙湖地区水资源问题的重要途径。

2. 卧龙湖生态保护区生态系统存在的主要问题

卧龙湖位于沈阳市北部的康平县境内，辽吉

蒙三省交界处。该湖紧邻康平县城，距离沈阳市区120km。本规划研究范围包括沈阳市康平县境内的康平县城、卧龙湖及周边地区，涉及东关屯镇、东升镇、方家屯镇、二牛所口镇、小城子镇、北四家子镇和两家子镇多个周边乡镇，总规划用地面积为750km²。

卧龙湖地区目前生态系统主要存在的问题包括：

（1）河流水网遭破坏，分散坑塘广布，区域汇水能力下降

湖区多年地表径流量为$7.5×10^7m^3$；湖面年均降水总量$5.8×10^7m^3$；年均蒸发总量$18.5×10^7m^3$，地下水侧向补给约$1.7×10^7m^3$，使补充到水体中的降水量大大降低；与此同时，引辽济湖的引水工程因西辽河水源不足而不能正常发挥作用。自2002年到2005年春，卧龙湖彻底干涸，2005年夏卧龙湖蓄水量恢复到$7.0×10^7m^3$，随后又再次减少。截至2007年8月，蓄水量已不足$3.0×10^7m^3$。2008、2009两年降雨减少，卧龙湖的蓄水量也连年减少，截至到2010年春季，卧龙湖的蓄水量仅有$2.5×10^7m^3$。

（2）城镇建设与湖区生态环境缺乏良性互动，对湖区干扰和污染较大

康平县城紧邻卧龙湖东部边界，长期以来，康平县城的城市建设与卧龙湖湖区的生态保护缺乏协调，城市的发展过程独立于区域生态体系之外，未充分及合理利用该地区优越的生态环境条件，反而对湖区的生态环境形成巨大的破坏。卧龙湖周边现存有大量农村居民点，这些居民点在建设及发展过程中同样忽视了生态环境保护及合理利用的问题，对湖区的生态环境构成了负面影响。卧龙湖作为国家级自然保护区，其水质标准要求高（COD≤20mg/L），但进水水质难以保证达到标准。主要污染源为城镇生产及生活污水，据统计，康平县城日排污水量为1.37万吨，COD达到153mg/L，这些污水在经过简单的处理后排入卧龙湖水体，严重污染了卧龙湖及周边水体的水质，此外，农业生产的废物残留是另一主要污染源，由于大部分水体周边缺少足够宽度的植被，农业生产废物残留极易随地表径流进入周边水体，同时植被及水生植物的缺失也使得水体自身的净化能力大打折扣。以卧龙湖为核心的研究区域是亚洲东部鸟类迁徙的重要停歇站及夏季候鸟的重要繁殖地，由于不合理的开发活动，卧龙湖及作为其生态支撑的周边区域的生态环境已经受到严重破坏，具体体现在水体的污染、湿地面积的缩小等，生存环境的恶化对于以鸟类为主体的动物生存构成了严重威胁。

（3）区域廊道系统网络化程度较低，且网络复合度低，功能单一

卧龙湖生态保护区土地平坦，农业生产条件较好，整体上形成了以卧龙湖、三台子水库和金沙滩周边防护林带为核心，以现状水体、林带及道路网为依托形成的廊道网络系统，连接着规划区域内面积大小不一的树林和湿地，成为区域廊道网络中重要的生态节点。但区域生态网络系统廊道系统网络化程度较低，卧龙湖、三台子水库及金沙滩战略性功能斑块之间缺乏生态结构的直接联系；东西向的高速将整个区域的生态体系分隔为南北两部分，导致一级结构缺失。此外，以部分水系支流及道路为依托形成的二级廊道多以孤立的形式存在，结构上缺乏直接联系，在规划区内存在片区性的结构缺失，导致二级结构缺失。另外，以田间防护林带及水渠为主体形成的三级廊道存在大量的连接断点，导致三级结构缺失。公路、河流、灌渠等重要"连接器"类型共生不足，网络功能单一化。目前的廊道系统多以河流（溪流）、道路和林带三种为主，从道路和林带的规划建设来看，三种廊道之间两种类型在空间上复合的类型较少，三网复合的廊道就更少，廊道的综合性较低，往往形成单一功能的廊道网络。

3. 卧龙湖生态保护区雨洪调蓄系统规划对策

在快速城市化和工业化发展的过程中，网络系统恢复与重建是立足区域整体保护卧龙湖生态区保护与发展的关键。在恢复传统廊道、生态"源"、

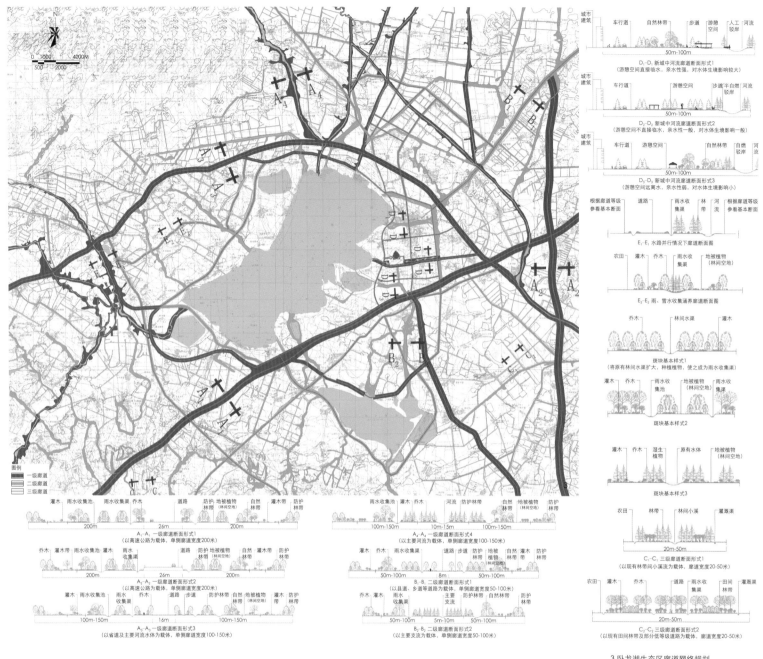

3.卧龙湖生态区廊道网络规划
4.卧龙湖生态保护区生态格局现状分析图
5.卧龙湖生态保护区多元水质净化系统规划
6.卧龙湖湖区主要水口及水口湿地规划

生态"汇"和生态战略性空间及其联系的基础上，结合卧龙湖保护区发展和建设，以绿色基础设施网络建设为规划原则，发挥卧龙湖生态保护区分散的坑塘和林地资源，构建以"绿色海绵"为单元，融合生态"源""汇""战略点"和廊道体系（含生态桥）的绿色海绵绿色基础设施网络。该网络的主要功能是完成生态连接、雨水收集、水质处理和区域性雨洪调蓄，兼顾农田防护、景观隔离、游憩休闲、生态涵养和交通等功能。

卧龙湖生态保护区"绿色海绵绿色基础设施网络"主要包括以下构成：

（1）与区域生态格局高度统一的廊道网络系统

廊道网络系统是绿色基础设施网络中"绿色海绵综合体"的"连接器"和水资源传输系统，多种类型和多个等级的廊道相互耦合共生成具有较高连接度的廊道网络，耦合共生可以替代单一功能廊道发展复合型廊道，有效增加廊道宽度和丰富生境类型，提升廊道功能，有效增加系统安全度，降低系统风险。廊道构成的基本类型依托当地的高速公路、省道、县乡道路、高压走廊、河流及其支流、溪流、灌渠、引水

渠、生态边沟、绿篱、农田林带、防护林等构成。

（2）绿色海绵与空间综合体

在卧龙湖生态保护区内，绿色海绵的空间综合体主要包括以城镇街区为单元的绿色海绵综合体和以农村分散坑塘为单元的绿色海绵综合体两个大类，绿色海绵综合体广泛生长在廊道网络系统中，成为不同尺度和不同类型的"汇"和"源"，是绿色海绵综合体的"储水器"和"净化器"。污水在绿色海绵综合体中经过二级生物处理实现水质净化，并通过绿色海绵综合体的吐纳过程实现雨洪的调蓄功能。卧龙湖

生态保护区城镇绿色海绵综合体依托城镇的绿地生态空间实现，农村地区依托大大小小池塘和水坑成为绿色海绵综合体恢复与重建的重要切入点。主要包括池塘、水坑、取土坑、漫滩、洼地、蓄水林地、灌木丛、雨洪公园等基本类型。同时在"储水器"和各种廊道连接区域规划设计坑塘湿地、河滩湿地、水库湿地、水口湿地等中心型综合体，进行水质净化强化处理体系。城镇空间的绿色海绵综合体通过城镇绿地生态网络系统构成起"绿色海绵绿色基础设施"系统，城镇空间绿色海绵绿色基础设施网络融合乡村地区的坑塘海绵绿色基础设施网络，构建起卧龙湖生态保护区"绿色海绵"生态雨洪调蓄与水处理整体系统，实现卧龙湖生态保护区的健康发展。

二、"绿色海绵"廊道网络系统规划

1. 网络共生：区域生态格局与廊道网络规划

生态战略空间、生态的"源""汇"和廊道体系成为卧龙湖区域生态安全格局的重要构成，其中以"水"为核心的"生态廊道"设计将步行游憩道路网络、车行道路网络、雨水收集网络及梳理修复后的廊道网络相结合，构成一个集生态保护、雨水涵养收集和休闲游憩于一体的生态廊道网络。整个网络体系根据依托载体的等级、廊道的宽度及功能侧重分为三级廊道。图中所示一级廊道包括A1、A2、A3三种类型；二级廊道包括B1、B2、D1、D2、D3五种类型；三级廊道包括C1、C2两类；其他类型廊道包括E1、E2两种。

（1）一级廊道（A1、A2、A3）

主要注重生态功能的完善，以东、西马莲河、辽河支流、卧落水口下游河流以及高等级公路为依托，单侧宽度为100~200m，廊道内部通过植被的高、中、低立体搭配，形成类型丰富的空间形态，其中布置有雨水收集池、雨水收集渠，同时这些空间也为动物迁徙及活动提供了相对密闭的环境。此外，廊道在靠近水体及道路的两侧少量设置了休憩空间，为游人接近、体验自然提供了条件。

（2）二级廊道——城市河流廊道（D1、D2、D3），D类为城市中以河流为载体形成的廊道，单侧宽50~100m

为了将整个生态新城纳入卧龙湖生态区整体生态安全格局，以及提高新城内部生态稳定性，将主要生态廊道——河流廊道设计为多种类型。其中包括以满足游人亲水活动为导向的人工化驳岸，也包括以保护河流生态安全为导向的自然化驳岸及介于两者之间的驳岸类型。二级廊道——公共游憩网络廊道（包括B1、B2），兼顾生态保护与景观游憩功能，单侧宽度50~100m，以部分水体支流、县道和乡道为依托，构建以自然景观为主体的公共游憩网络廊道，内部适当设置景观游步道及公共开敞空间，将自然生态保护、乡村文化景观纳入廊道系统中。

（3）三级廊道（C1、C2）

其主要作为雨水收集系统的末端，单侧宽度为20~50m，以田间林带和灌溉水渠为依托，通过修复梳理，散布在整个规划研究区中，保持与一、二级廊道的联通度，从而保证收集雨水能够保质、保量地输送到高等级廊道中，为卧龙湖水质改善和水量保持提供基

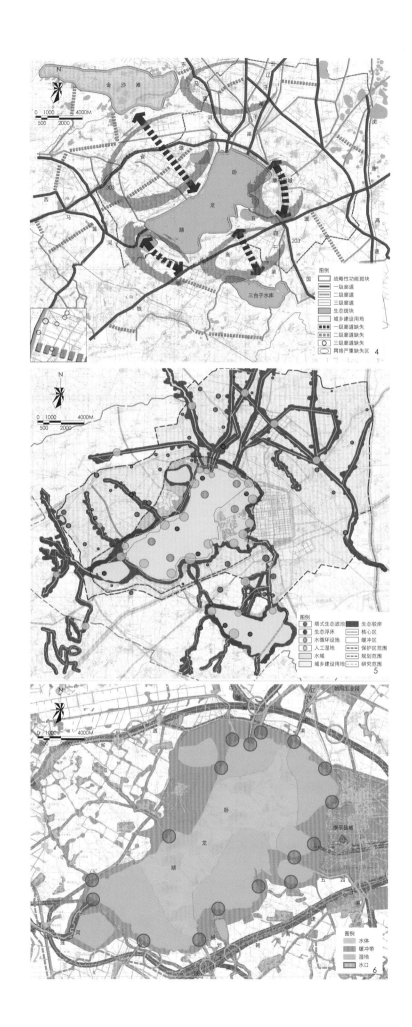

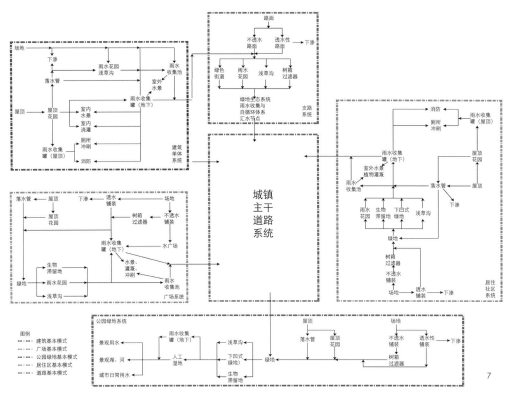

图例
━━━ 建筑基本模式
━━━ 广场基本模式
━━━ 公园绿地基本模式
━━━ 居住区基本模式
━━━ 道路基本模式

7

础支撑。

（4）其他廊道（E1、E2）

包括水陆并行情况下的廊道及雨、雪水收集涵养廊道，其中水陆并行情况下的廊道主要由道路、河流、雨水收集渠、林带组成。E1为以河流为载体的廊道和以道路为载体的廊道并行时的廊道设计模式，而河流与道路外侧的设计以各类型廊道的基本设计模式为标准。此外通过对现有的田间林带的改造，设计了以E2模式为标准的雨、雪水涵养收集廊道。卧龙湖生态保护区廊道规划总长度1 068.58km，其中一级廊道195.07km，二级廊道235.8km,三级廊道637.71km，踏脚石面积11.13km²，生态节点39.43km²，缓冲带18.89km²，湿地43.89km²，总面积228.54km²，占规划区域面积的30.47%。

2.水系统的稳定机制：水网收集系统规划

（1）雨（雪）水收集坑与规划区内收集网络的建立

在卧龙湖生态区内，依托自然和人工的灌木及

表1 　　　　　　　　　　　　　　　　　　　　卧龙湖生态保护区廊道网络的类型与构成

廊道级别	廊道类型与名称	廊道宽度	廊道单侧构成	廊道功能
一级廊道	A1：高速公路型廊道	单侧宽度200m	高速公路、高速公路防护林带、雨水收集沟渠及池塘、生物栖息及迁徙廊道、外围生态缓冲空间、上跨式生态桥的设置	降低高速公路对周边城镇建设的噪音及粉尘污染；完善区域雨水收集系统组成；为生物提供迁徙廊道及栖息环境；强化廊道与外围生态空间的联系，保障区域生态建设一体化进程；弱化高速道路对南北向生态过程（水循环及物种迁徙）的阻力
	A2：高速公路型廊道	单侧宽度200m	高速公路、高速公路防护林带、雨水收集沟渠及池塘、生物栖息及迁徙廊道、外围生态缓冲空间、下穿式生态桥的设置、高速公路	与A1类生态廊道不同在于，此类生态廊道远离城镇建设区域，且平行于主要生态过程方向，同时道路建设位置处于分水岭区域，因此其对城镇环境、水循环及物种迁徙的影响较弱，除具备A1廊道的基本功能外，通过设置一定数量的下穿式生态桥，满足中小型哺乳动物的迁徙活动需求
	A3：省道型廊道	单侧宽度100~150m	省道、游步道、雨水收集沟渠及池塘、生态缓冲空间、生物栖息及迁徙廊道	结合步行交通系统为城镇居民生活及保护区旅游发展提供带状休憩空间；完善区域雨水收集系统组成；通过生态缓冲空间的设置一方面降低旅游活动对生物栖息的影响，另一方面强化廊道与生态体系其他要素之间联系；为物种迁徙及栖息提供条件
	A4：河流型廊道	单侧宽度100~150m	主干河流、雨水收集沟渠及池塘、生态缓冲空间、生物栖息及迁徙廊道	完善区域雨水收集系统组成；为物种迁徙及栖息提供条件；通过生态缓冲空间的设置强化生态体系要素间的联系，同时降低农业生产、农村生活污染对水质的影响
二级廊道	B1：县乡道路型廊道	单侧宽度50~100m	县乡道路、游步道、雨水收集沟渠及池塘、生态缓冲空间、生物栖息及迁徙廊道	结合步行交通系统为城镇居民生活及保护区旅游发展提供带状休憩空间；完善区域雨水收集系统组成；降低道路对周边城镇建设的噪音及粉尘污染；通过生态缓冲空间的设置一方面降低旅游活动对生物栖息的影响，另一方面强化廊道与生态体系其他要素之间的联系；为物种迁徙及栖息提供条件
	B2：支流型河流廊道	单侧宽度50~100m	支流河流、雨水收集沟渠及池塘、生态缓冲空间、生物栖息及迁徙廊道	完善区域雨水收集系统组成、为物种迁徙及栖息提供条件；通过生态缓冲空间的设置强化生态体系要素间的联系，同时降低农业生产、农村生活污染对水质的影响；通过这一级别廊道是设置调蓄该地区的水量变化，保证干流水质及水量的正常水平
	D1：城市游憩亲水型河流廊道	单侧宽度50-100m	城市内部河流、道路、道路防护林带、休憩空间	结合道路及河流间的带状空间为市民提供良好的休憩观光环境；降低城镇内部地表径流对于河流水质的污染；在满足以上基本功能的基础上，根据不同的河流驳岸设置，将毗邻河流的生态缓冲空间分为三种类型：（1）满足亲水游憩的纯景观化空间；（2）兼顾湿地生境营造与景观游憩功能的半自然生态缓冲空间；（3）纯自然的生态缓冲空间，主要由自然的湿地生境构成，满足小型物种生存的需求，丰富城镇生物多样性
	D2：城市半自然型河流廊道	单侧宽度50~100m	城市内部河流、道路、道路防护林带、休憩空间、半自然生态缓冲空间	
	D3：城市自然型河流廊道	单侧宽度50~100m	城市内部河流、道路、道路防护林带、休憩空间、生态缓冲空间	
三级廊道	C1：溪流型林水组合廊道	单侧宽度20~50m	溪流、雨水收集渠及池塘、外围林带	完善区域雨水收集系统组成；为物种迁徙及栖息提供条件；降低农业生产、农村生活污染对水质的影响；通过这一级别廊道是设置调蓄该地区的水量变化，保证干流水质及水量的正常水平；防风固沙，降低强风对土壤的侵蚀
	C2：田间林路结合型廊道	单侧宽度20~50m	田间林路、雨水收集渠及池塘、外围林带	完善区域雨水收集系统组成；为物种迁徙及栖息提供条件；防风固沙，降低强风对土壤的侵蚀
其他廊道	E1：水路并行廊道	根据实际条件设定	林带、雨水收集渠及池塘	强化相邻廊道间生态联系；完善区域雨水收集系统组成；为物种迁徙及栖息提供条件
	E2：雨雪水收集涵养林带	根据实际条件设定	现状低地及坑塘、外围林带	完善区域雨水收集系统组成；为物种迁徙及栖息提供条件

8   9   10

7.绿地生态系统雨水收集与自循环利用体系
8.居民点坑塘绿色海绵与水处理模式
9.支流及湖区入口塘绿色海绵与水处理模式
10.农田坑塘绿色海绵与水处理模式

杂木林带及坑塘，根据地面高差设置雨（雪）水收集坑渠，林地灌木丛采集点大于100hm²的有9个，面积967.2hm²；大于25hm²且小于100hm²的有21个，面积1 573.4hm²；小于25hm²的有68个，面积1 668.5hm²。水塘采集点中大于100hm²的有5个，面积1 026.7hm²；小于100hm²的有15个，面积1 347.6hm²。将雨水和开春的融雪水收集地表径流汇水入坑，避免丰水期湖区水量激增。一部分集水通过渗透进入地下水，旱时对湖区水体进行有效补充。通过雨水收集坑的设置，因地制宜地加强周边水系对湖区的水体调蓄功能，增加湖区水系网络的汇水功能。

（2）引水工程和水网的连通

湖区现建有引辽济湖的引水工程，由于西辽河自身水源季节性不足，引辽济湖的引水工程在枯水季作用不明显，因此将卧龙湖及其南侧的三台子水库连接，加强对五四干渠补水工程的利用。五四干渠是连接三台子水库和卧龙湖的主要通道，三台子水库水量丰富（水库正常库容为1 940万m³），通过该水库定期对卧龙湖进行适当补给；加强水网连通、水系联动。通过湿地的规划梳理连接卧龙湖湖区整个水系。规划在对现状水系进行梳理的前提下，通过设置沿河廊道、水口湿地及生态缓冲带的形式将卧龙湖湖区与整个区域的生态安全格局结构联系起来。尤其加强与补给水系东、西马莲河的联系，使水及时补给卧龙湖。

三、绿色海绵与空间综合体构建

1. 区域水质净化机制：多元的水质处理系统

在雨（雪）水收集网络的基础上，完善自然水质净化机制，提高水体自净能力。结合坑塘及其周围灌木、杂木林带，形成自然式湿地，并建设适当的人工湿地，形成水系周围的"绿色海绵"缓冲带，综合利用生态技术，构建卧龙湖地区水质净化的多元系统。

（1）农村面源污染与居民点污染源的控制

卧龙湖的主要污水源为康平县城日排污水量为1.37万吨（2007年），以生活污水为主COD153mg/L和卧龙湖周边大量农村居民点的生活污水，建立塔式生态滤池和污水处理厂。规划后禁止县城排污（康平县城建设污水处理厂达到一级A处理标准，COD≤50mg/L），针对农村面源和点源污染，利用多级生态网络系统中"绿色篱笆""绿色海绵"系统对水体进行多级多元净化。对污染源集中的村庄采用塔式生态滤池与"绿色海绵"结合，污水处理排放标准一级B标准，COD≤60mg/L。

（2）自然与人工湿地结合的强化处理系统

以上经网络系统处理但未完全达到国家级自然保护区水质标准（COD≤20mg/L）的水源，进入湖区前经过湖区自然——人工湿地强化处理。据湿地水质处理能力的基本面积50hm²的标准，规划水口湿地面积总计约500hm²。规划设计将水口湿地分为三个整体湿地群落：北部以东马莲河水口湿地及引辽济湖干渠水口湿地为核心的湿地群；南部以五四干渠水口湿地和规划干渠水口湿地为核心的水口湿地群；西南侧以西马莲河水口湿地为核心的湿地群。湿地群的构建将分散的点状湿地连接成面状，便于发挥湿地群的规模效应。17个水口处湿地对于进出卧龙湖水域的水体进行一定程度的净化，为整个湖区的水质提供保障，同时巩固并加强了各个水系的联系，且这些湿地也作为自然生态景观丰富了该区域的景观内涵。

（3）湖区水体循环与自净功能。在环湖绿化中，限制东北——西南向的绿化高度，利用长年风向，建设自然风道，推动湖体表面水的流动，带动底层水与表层水的对流；同时在湖体内建设风能驱动的底层水流动设施。通过新增河道增强卧龙湖地区的水系联动。通过水系分析，规划新增内湖水面及三条河道，将水体引入滨湖生态城，内湖将成为卧龙湖外湖与滨湖生态城的重要过渡及生态屏障；三条河道将成为居民亲水活动的主要场所。规划在卧龙湖东南新增河道与三台子水库连通，以加强湖区水体的循环。新增的河道与原有的河道形成水系网路，增强了卧龙湖地区水系联动、自净的功能。

2. 空间综合体："绿色海绵"与再生水资源中心

（1）城镇街区的雨水收集综合体

在城镇建设中，以城镇街区为单元，对街区中的单体建筑及附属绿地、广场（场地）、公园、居住区、道路五种基本单元以绿地为核心建立五种不同类型的雨水收集模式，以街区内的绿地系统和廊道连接系统为纽带将五种模式进行"街区"集合，形成城镇雨水收集与利用的空间综合体单元，最终将各个单元耦合在城镇绿色基础设施网络上，形成城乡一体化的雨洪收集与水质处理系统。在街区雨水收集与处理的空间综合体内依照雨水收集的分类模式，建立起点、线、面的雨水自循环体系和暴雨模式下的输出体系。绿色海绵主要利用坑塘设置，利用人工湿地生态浮床等技术处理污染，兼有雨洪调蓄作用。点主要对应建筑单体和场地，主要进行雨水收集，依托附属绿地和道路绿地进行传输并汇集到居住区的水池或者是街区的公园绿地中的湖体进行水质净化处理和贮藏，经过城镇绿色海绵处理过的雨水可以多路径流入城镇的河流（沟渠）。在此过程中有一部分雨水下渗，一部分雨水可以解决街区的景观用水，一部分雨水滞留在绿地或池塘（湖泊），一部分流出综合体。城镇绿色海绵综合体是生长在城镇绿色基础设施网络上的基本空间综合体，完成对雨水收集、水土涵养，水质净化和雨洪调蓄，将雨水处理与景观结合，协调绿地系统内的整体水文循环，是城镇绿地生态网络和绿色基础设施建设的重要途径之一。

（2）农村居民点坑塘利用与建设

针对原有无序排放的农村居民点污水、农村居民点雨水建立农村生活污水收集管网以及雨水收集沟渠系统，通过生物滤池等生态处理技术进行一级处理，利用居民点坑塘建立潜流人工湿地对排水进行二级处理，并通过表面流人工湿地、自然式湿地、生态护坡、生态护岸、生态浮床及浮岛等组合生态技术对居民点坑塘设立缓冲区，使农村居民点排放的生活污水、雨水径流经过处理后就近排入河道或回用，增强坑塘水质自净能力。同时，农村地区雨水径流通过坑塘收集进行蓄水，流域干旱期可以对流域水量进行补充，从而补充下游水源保护地水量。卧龙湖的主要污水来源于康平县城日排污水量为1.37×104t，以生活污水为主COD153mg/L和卧龙湖周边大量农村居民点的生活污水，建立规划后禁止县城排污（康平县城建设污水处理厂达到一级A处理标准，COD≤50mg/L）。

3. 农田坑塘利用与建设

针对原有无序排放的农田雨水径流、农业生产废水、畜牧业养殖废水等面源污染，建立农田沟渠系统进行收集，通过潜流人工湿地、表面流人工湿地等生态处理技术进行一级处理，利用农田坑塘建立表面流人工湿地对排水进行二级处理，并通过自然式湿地、生态护坡、生态护岸、生态浮床及浮岛等组合生态技术对农田坑塘设立缓冲区，对农业生产面源污染加强处理。同时，农田雨水径流通过坑塘收集进行蓄水，流域干旱期可以对流域水量进行补充，从而补充下游水源保护地水量。

4. 支流及湖区入水口坑塘利用与建设

针对支流径流来水，利用紧邻支流的自然坑塘，通过表面流人工湿地、自然式湿地组合生态技术，利用地势使自然坑塘成为支流天然的水质净化装置，提高支流水质净化作用。通过生态护坡、生态护岸、生态浮床及浮岛等生态技术对支流坑塘设立缓冲区，对汇入支流坑塘的雨水径流和农村面源污染进行预处理。此外沿支流坑塘建立水泵等基础设施，平时储存处理后的雨水，旱季对支流进行调蓄补水，涝季储存过多的上游来水，增强水土保持作用。湖区水体循环与自净功能。在环湖绿化中，限制东北——西南向的绿化高度，利用长年风向，建设自然风道，推动湖体表面水的流动，带动底层水域表层水的对流；同时在湖体体内建设风能驱动的底层水流动设施。通过新增河道增强卧龙湖地区的水系联动。

四、结论与讨论

卧龙湖生态保护区"绿色海绵"绿色基础设施网络的规划是在快速城镇化地区结合自然环境特征进行的一个尝试。在绿色基础设施规划的"水问题"解决方案中，立足区域整体，系统化和网络化解决方案成为打破卧龙湖生态保护区"孤立"保护体系的重要途径。在此过程中，廊道建设、绿色海绵综合体建设的共同点是强调雨水收集、传输和净化过程的生态雨洪调蓄技术的应用，通过人工湿地、自然式雨水收集系统、生态驳岸及浮岛等技术的选取，形成"绿色海绵"生态雨洪调蓄的技术保障，通过改善雨水调节与储存功能，达到区域内水质自净功能、水力循环功能，有利于快速城市化地区水源储蓄、生态修复、水土保持和生态网络构建。针对快速城市化地区发展快、绿色基础设施薄弱、生态环境污染程度较高等现状，"绿色海绵"生态雨洪调蓄系统可以有效调蓄区域水量，提高水体自净能力，并防止快速城市化过程中人类活动对自然环境的破坏，因地制宜地开展快速城市化地区绿色基础设施建设。但值得注意的是每个地区的自然生态条件不同，区域性绿色基础设施网络要充分实现目标导向下的体系建设。

参考文献

[1] Xie YC, Yu M, Bai YF, eta1. Ecological analysis of emerging urban landscape pattern—desakota: A case study in Suzhou, China. Landscape Ecology, 2006, 21: 1297—1309.

[2] Sui DZ, Zeng H, Modeling the dynamics of landscapestructure in Asia's emerging desakota regions: a case study in Shenzhen. Landscape and Urban Planning, 2001, 53: 37-52.

[3] McGee TG, The emergence of desakota regions in Asia: Expanding a hypothesis. Ginsburg N, Koppel B, eds. The Extended Metropolis: Settlement Transition in Asia. Honolulu: University of Hawaii Press, 1991: 3—26.

[4] 李晨. 融入"绿色基础设施"的绿地系统规划探讨[J]. 绿色科技, 2012, 3 (3)：39 - 42.

[5] 黎玉才. 绿色基础设施，城乡一体绿化的新理念[J]. 林业与生态, 2011 (9)：38 - 39.

[6] 莫琳，俞孔坚. 构建城市绿色海绵——生态雨洪调蓄系统规划研究[J]. 城市发展研究, 2012, 5 (19)：

[7] 王云才，崔莹. 快速城市化地区"绿色海绵"雨洪调蓄与水处理系统规划研究. 以辽宁康平卧龙湖生态保护区为例[J]. 风景园林, 2013, 4 (2)：60 - 67.

[8] 王云才，郭娜，彭震伟. 基于湖泊整体保护的区域生态网络格局构建研究——以沈阳卧龙湖生态区保护规划为例[J]. 中国园林, 2013 (7)：107 - 112.

[9] 王云才，邹琴. 镇域生态空间的绿色篱笆系统构建——以吉林长白县为例[J]. 中国城市林业, 2003 (5)：36 - 39.

作者简介

王云才，同济大学建筑与城市规划学院景观学系副系主任，博士，教授，博士生导师；

崔莹，同济大学建筑与城市规划学院博士研究生，讲师；

彭震伟，同济大学建筑与城市规划学院党委书记，博士，教授，博士生导师，中国城市规划学会理事。

1.枫溪湿地公园效果图

现代工业文明为特征的生态宜居城市
——株洲海绵城市建设探索

Ecological Livable City for Modern Industrial Civilization
—Exploration on the Construction of Sponge City in Zhuzhou

李艳兵 李先凤 熊 瑛
LI Yanbing Li Xianfeng Xiong Ying

[摘　要]　随着城市面源污染、城市内涝、雨水资源流失及自然生态退化等一系列问题的加重，建设自然积存、自然渗透、自然净化的"海绵城市"势在必行。本文基于株洲市现状，分析城市发展理念、各层级规划与海绵城市建设的关系，从排水防洪排涝系统和低影响开发雨水系统两方面提出海绵城市建设的目标，并因地制宜的提出雨水"渗、滞、蓄、净、用、排"六大对策，有效开展海绵城市建设的探索实践。

[关键词]　株洲；海绵城市；雨水管理

[Abstract]　As urban non-point source pollution, urban waterlogging, loss of rainwater resources and the deterioration of the natural ecological degradation and a series of problems, the construction of natural accumulation, natural, natural purification "sponge city" was needed. This article is based on analysis of present situation of zhuzhou city, urban development concept, the relationship between planning and sponge at the level of urban construction, from the drainage flood control and drainage system and drainage system of the low impact development two aspects of urban construction goal, sponge and rain were proposed according to the "permeability, hysteresis, storage, net, use," six countermeasures, effectively carry out the exploration of urban construction practice sponge.

[Keywords]　Zhu zhou; Sponge City; Stormwater Management

[文章编号]　2016-72-P-031

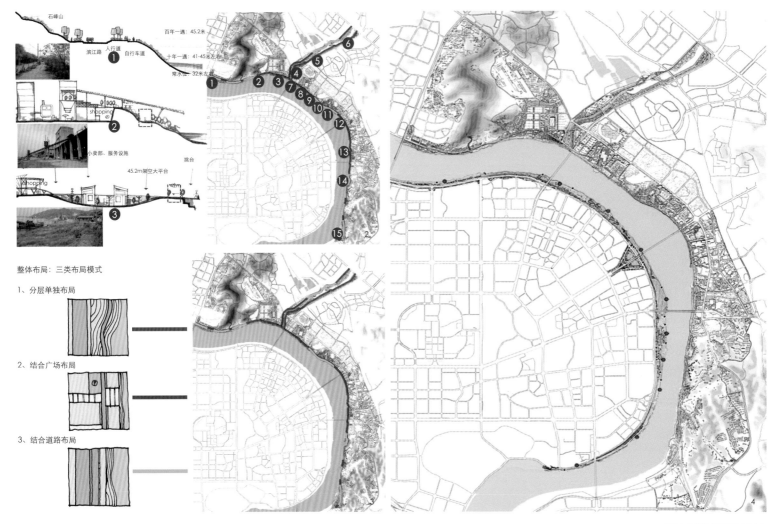

整体布局：三类布局模式

1、分层单独布局

2、结合广场布局

3、结合道路布局

2.湘江东岸自行车道典型断面
3.湘江东岸自行车道整体布局
4.湘江东岸方案总平面
5.湘江东岸鸟瞰图

一、引言

近年来我国城市化进程不断加速、城市规模不断扩大，使得城市不透水地面面积快速增长，导致约90%的城市降雨量将形成径流，引发了一系列的环境问题，主要包括城市面源污染加重、城市内涝、雨水资源流失以及自然生态退化等。习总书记在2013年中央城镇化工作会议上明确指出在提升城市排水系统时要优先考虑把有限的雨水留下来，优先考虑更多利用自然力量排水，建设自然积存、自然渗透、自然净化的"海绵城市"。目前国内海绵城市建设尚处于探索阶段，尚未形成完整的、系统的、科学的雨水综合调蓄利用体系，相应的管理理念和思路尚不足。2007年12月长株潭资源节约型和环境友好型社会建设综合配套改革试验区获批以后，株洲在大胆探索能源资源节约和生态环境保护的体制机制，在云龙示范区已全面推进绿色建筑与雨水生态收集系统建设，率先开始海绵城市建设探索。

二、株洲概况

株洲是伴随着中国的改革开放而诞生和成长起来的新兴城市。在20年的建设历程中，逐渐发展为融山、水、桥、城于一体，特色鲜明，环境优美，是全国一流的现代化国家园林城市。在株洲市区，湘江流经长度十五千米余，水岸宽度600~700m，尺度开阔，与东岸的白石港、建宁港、枫溪港、霞湾港形成四港入湘的格局。经水体改造形成的城市公园主要有文化园、天鹅湖、神农公园、神农城等。建成区内山体主要有九郎山、石峰山、雪峰岭和奔龙山等，这些大型山麓和山体余脉成为城市公园，同时又是丰富城市轮廓线的特色景观，对株洲市的城市生态环境与绿化起着良好的作用。这些山体、水体及城市公园形成了独具魅力的山水格局，使株洲具备了实施海绵城市建设的良好生态本底条件。

三、株洲海绵城市规划理念

株洲的建设目标是打造以现代工业文明为特征的生态宜居城市，充分落实国家建设"两型社会"战略要求，控制资源环境底线，实现资源节约、环境友好的两型示范区，建立城乡一体的绿色生态空间体系；保持合理的城市结构，协调城市内部各功能之间的关系；集约利用土地，保持适宜的人口密度，合理控制开发强度；尊重自然条件，实现物质、能源、信息资源的合理配置和利用；推进生活居住社区化、工业物流园区化、商贸服务街区化，实现城市相对集约发展和布局，形成城市社会和功能结构合理、人居环

境良好的生态园林城市。

四、株洲海绵城市建设目标

"海绵城市"建设目标包括：确保城市安全的排水防洪排涝系统和地块内部的低影响开发雨水系统。通过两个系统的共同构建，以达到"海绵城市"的建设目标。

1. 城市安全的排水防洪排涝系统

根据《株洲市城市总体规划（2006—2020）（2014年修订）》确定：2020年，城市建设用地164km²，人口170万人。故株洲市属于Ⅱ型大城市。城市防洪保护范围分为四个独立封闭的保护圈，即河西保护圈、清响田保护圈、荷明保护圈和曲建保护圈，防洪标准为100年一遇。株洲市内涝防治标准确定为：有效应对30年一遇24h暴雨，居民住宅和工商业建筑物的底层不进水，保证道路中单向至少一条车道的积水深度不超过15cm。

2. 低影响开发雨水系统

根据区域降雨特征、水文地质条件、径流污染状况、内涝风险控制要求和雨水资源化利用需求等，结合城市水环境突出问题、经济合理性等因素确定低影响开发径流控制目标。控制目标一般包括：径流总量控制、径流峰值控制、径流污染控制、雨水资源化利用等。

对于水资源丰沛的地区，可侧重径流污染及径流峰值控制目标；径流污染问题较严重的地区，可结合水环境容量及径流污染控制要求，确定年SS总量去除率等径流污染物控制目标。实践中，一般转换为年径流总量控制率目标。

根据株洲市的实际情况，确定采用径流总量控制目标（年径流总量控制率）、径流污染控制（初期雨水污染治理标准）作为低影响开发雨水系统的控制目标。

表1　　　　　　　　　　城市建成区内试点项目一览表

序号	试点项目类别	试点区域位置	项目名称	建造类型	
1	湘江流域综合整治工程	湘江	河东湘江风光带新建工程	排	河道整治
2		霞湾港流域	株洲市霞湾水系综合治理工程	净	—
3			株洲市新桥排渍站重建工程	排	—
4			株洲市霞湾流域清水湖新建工程	蓄	—
5			大湖治理新建工程	净	—
6			石峰大桥桥底调蓄设施新建工程	蓄	雨水收集调蓄设施
7			霞湾污水处理厂提质达标工程	净	—
8		白石港流域	株洲市白石港干支流综合治理工程	排	示范"排—河道"
9			湖南省株洲市白石港新建泵站工程	排	—
10			白石港水系支流治理工程（横石干渠、荷叶塘干渠、金盆岭水系、秧田湾干渠）	排	—
11			文化园、天鹅湖、曹塘坝排水系统改造工程	排	雨污分流
12			白石港水质净化中心及厂外管网新建工程	净	—
13			白石港水质净化中心中水回用工程	用	污水再生利用
14		建宁港流域	株洲市建宁港干支流水系综合治理工程	排	—
15			株洲市建宁港新建荷塘湖等五处蓄洪区项目	蓄	河湖水域
16			株洲市建宁排渍站扩建工程	排	—
17			株洲市龙泉排渍站新建工程	排	—
18			东、西湖综合治理工程	滞	—
19			建宁港流域果园支渠、荷塘铺水系、龙泉高排渠改造工程	排	—
20			龙泉污水处理厂提质工程	净	—
21			龙泉污水处理厂三期及厂外管网新建工程	净	—
22		枫溪港流域	枫溪生态城湘江东岸综合整治一期工程	净	生态缓坡
23			枫溪污水处理厂及厂外管网新建工程	净	污水处理设施及管网
24		河西汇水区	神农城大型城市绿廊新建工程	蓄	河湖水域
25			月塘生态新城水系统新建工程	渗	—
26			河西污水处理厂提标改造工程	净	—
27			湖南省株洲市隆兴排渍站重建工程	排	—
28			湖南省株洲市花南排渍站改建工程	排	排渍站
29	绿色建筑小区雨水利用工程	云龙示范区	湖南铁路科技职业技术学院新建工程	渗	透水性停车场
30			磐龙生态社区	渗	—
31			株洲市职教城学府港湾住宅小区新建工程	用	雨水利用设施
32		天易示范区	美的·蓝溪谷小区新建工程	用	—
33			佳兆业小区新建工程	渗	—
34			湘水湾小区新建工程	用	—
35	开敞空间海绵城市建设试点工程	公园绿地	天池植物园新建工程	滞	下凹式绿地
36			枫溪湿地公园新建工程	净	人工湿地
37			株洲市流芳园扩园建馆项目扩建工程	滞	—
38			白石港（潜龙园）湿地公园新建工程	蓄	—
39			武广体育公园新建工程	滞	—
40			株洲市106个街头绿地和城市小游园建设工程	滞	绿地滞留设施
41		道路工程	云龙大道新建工程	滞	植草沟
42			北环大道新建工程	渗	可渗透路面
43			田心大道新建工程	渗	高标准雨水管网
44			环保大道新建工程	滞	—
45			湘江株洲段城市防洪工程（清响田保护圈）白石港路新建工程	排	—
46		大型广场及停车场	滨江广场停车场改造工程	渗	透水性停车场
47			神农城生态停车场	渗	—

五、株洲各层级规划与海绵城市建设

株洲市海绵城市建设，规划先行，已开展了一系列工作，如《株洲市城市总体规划（2006—2020）》（2014年修订）、《株洲市排水（雨水）防涝综合规划（2014—2020）》《株洲市排水工程专项规划（2010—2030年）》《株洲市绿地系统规划（2011—2020）》《株洲市一江四港综合整治规划》《株洲市综合交通体系规划》《株洲市给水工程专项规划》《湖南省株洲市再生水利用规划》等，达成了建设"以现代工业文明为特征的生态宜居城市"的共识，社会氛围好，为推行海绵城市建设奠定了良好的基础。

1. 总规层面体现海绵城市建设理念

株洲总规定位株洲为以现代工业文明为特征的生态宜居城市，充分落实国家建设"两型社会"战略要求，控制资源环境底线，实现资源节约、环境友好的两型示范区。提出要加强生态建设，防止和治理水土流失，并要建设湘江、枫溪港、建宁港、白石港、霞湾港、凿石港、沧沙港、渌江等生态带，城区以外地段重点保护江河两岸平地1 000m以内的自然风光或自然地形山脊以内的森林植被；加强对水源地的保护，严禁破坏其植被，禁止布置城市排污口和污染项目。在水资源方面要节约和综合利用水资源。

2. 专项规划提出海绵城市建设要求

（1）与城市水系规划密切结合

2011年，湖南省政府把湘江流域保护和治理列为"一号重点工程"，同年3月株洲市启动"一江四港"综合整治工程，提出"水清、堤固、路畅、景美"的整治目标，提升城市品位，打造株洲发展升级版。对湘江提出"打造东方莱茵河"的目标；四港整治目标是"河水清澈、堤防提质、交通便捷、环境优美"，对河道进行清污清淤，实现港系工业废水全部达标排放，生活污水全部截流，防洪与蓄水相结合，堤防提高到50年至100年一遇的设防标准，并拉通及改造沿港道路，使其道路交通与城市路网对接同时建设完善沿港自行车、步行等绿色交通网络系统，创造怡人的休闲滨水空间和优美的人居环境。目前"一江四港"综合整治正在全面推进，已开展十余个项目，包括湘江河东景观带、霞湾港、白石港、建宁港、枫溪港的建设以及相关配套的其他重大项目建设。

（2）与城市排水防涝综合规划结合

在《株洲市排水（雨水）防涝综合规划（2014—2020）》中提出规划与构建"资源节约型、环境友好型社会"和建设"生态宜居城市"相适应的雨水系统，遵循"绿色株洲"的基本构想。消除城市水涝灾害，保障区域安全。落实低影响开发（LID）理念进行雨水综合管理，提高城市品位，体现合理性、先进性及可操作性，推动株洲市经济社会全面协调可持续发展。同时，开展暴雨强度公式的修订工作，利用Infoworks ICM建立雨水系统模型进行现状管网及规划管网的一维评估、所有区域二维模型评估等工作，形成城市排水防涝能力与内涝风险评估结论和雨水规划方案，在雨水系统和防涝系统总体分区与布局基础上，进行雨水径流控制系统、排水管网系统、城市防涝系统的规划，提出工程规划方案。

(3)与城市绿地系统专项规划结合

城市绿地是建设海绵城市、构建低影响开发与水系统的重要场地。《株洲市绿地系统规划（2011—2020）》提出以保护山水资源为基本要求，完善绿地布局，构建安全稳定的绿地系统与良好的人居环境，打造生态安全之城，以"生态园林城市"为目标，实现300m见绿，500m见园，2 000m见水。提出生态绿地建设规划，规划建设5个湿地公园及6个人工湿地、8条城市大型绿廊、10条主要水系生态廊道，以及主要道路绿地廊道。

（4）与城市道路交通专项规划充分结合

城市道路是径流及其污染物产生的主要场所之一。《株洲市综合交通体系规划》根据道路承担的功能，将主干路分为骨架性主干路和一般性主干路。提出各等级道路沿线绿地控制宽度，并协调了城市开发用地、水系、绿地与道路的竖向关系，提出减少道路径流及污染物外排量的目标。

3. 详细规划层面引导海绵城市建设

详细规划层面落实上位规划及相关规划确定的各类目标与控制指标，因地制宜，落实涉及水渗、滞、蓄、净、用、排等用途的开发设施用地；并结合用地功能和布局，分解和明确各地块的单位面积的下沉式绿地率及其下沉深度、透水铺装率、绿色屋顶率等主要控制指标，指导下层级规划设计或地块出让与开发。可通过水文、水力计算或模型模拟，明确建设项目的主要控制模式、比例及量值（下渗、储存、调节及弃流排放）。

六、株洲海绵城市建设对策

株洲市目前已开展的"海绵城市"建设项目分布于河东四大流域和河西汇水区，其类型包括三类，分别为：湘江流域综合治理工程、绿色建筑小区雨水利用工程和开敞空间海绵城市建设试点工程。规划试点项目共47个。根据试点工程所在区位及需求情况，因地制宜采用"渗、滞、蓄、净、用、排"等各项工程措施，实现雨水径流量、径流污染控制及超标降雨的排放。

6.白石港湖湿岛的及滨水林带效果图
7.河东湘江风光带效果图

1. 雨水渗透工程

为减少雨水径流，增大雨水下渗，补充地下水，雨水渗透是海绵城市建设的重点。透水性铺装和透水水泥混凝土铺装主要适用于广场、停车场、人行道及车流量和荷载较小的道路，如市政道路的非机动车道和人行道。绿色屋顶可有效减少屋面径流总量和径流污染负荷，具有节能减排的作用，适用于符合屋顶荷载、防水等条件的平屋建筑和坡度≤15°的坡屋顶建筑。

2. 雨水滞留工程

在暴雨强度超过排水系统设计标准时，低标高绿地可起到滞留、存储雨水的作用，减少洪水危害，缓解暴雨洪水对骨干排水系统的压力。待暴雨过后，雨水以自然渗透方式渗入地下，或逐渐经管道系统排除便可恢复原有空间功能。可以采取建设下凹式绿地、建设绿地滞留设施、建设植草沟的方式。

3. 雨水调蓄工程

调蓄设施是指具有雨水储存功能的集蓄利用设施，同时也具有削减峰值流量的作用，也通过合理设计使其具有渗透功能、起到一定补充地下水和净化雨水的作用。调蓄设施主要包括城市河湖水系、城市湿地公园以及下沉绿地。如株洲河西的神农湖总面积 $0.22km^2$，其中水面面积 $0.1km^2$，平时能发挥正常的景观功能，暴雨发生时发挥效削减峰值流量、调蓄功能，实现水资源的多功能利用。

4. 雨水净化工程

在海绵城市建设中，要继续完善污水收集及处理系统，以便接纳初期雨水，从根本上控制雨水面源污染；同时利用市政初期雨水收集设施、雨水湿地和滨河缓冲带，形成层层削减污染物的生态屏障。防洪、防涝与治污相结合，建设湿地公园和河道生态驳岸，改善水环境，塑造水生态。

5. 排水利用工程

海绵城市的利用工程一方面体现在污水的"集散结合、就近处理、就地循环"原则，建设城市污水再生利用设施，实现污水资源化可谓治理与开发并举，是一种立足本地水资源切实可行的有效措施。另外一个方面，雨水资源化利用也是是个很好的选择，城市雨水收集利用将有利于水资源的合理开发，有利于整个湘江流域生态环境建设和可持续发展。

6. 雨水排水工程

海绵城市的建设可最大限度地发挥低影响开发雨水系统对径流雨水的渗透、调蓄、净化等功能，但低影响开发建设只能缓解内涝，并不能避免洪涝灾害的发生。因此，海绵城市的建设仍需要建设完善的市政排水系统，用于排出低影响开发设施溢流的雨水和城市超标雨水，以保障城市运行安全。具体措施包括：河道清淤及拓宽、排渍站新建或扩建、雨污分流改造、高标准建设雨水管网。如一江四港的整治。

七、结语

海绵城市能够有效解决当前城市内涝灾害、雨水径流污染、水资源短缺等突出问题，对于修复城市水生态环境有显著效果，还可以带来综合生态效益。在两型社会建设要求下，株洲市以海绵城市的理念开展了相关实践，将来要进一步促使株洲防洪排涝能力和水环境质量上一个新台阶，有效地缓解城市内涝、削减城市径流污染、节约水资源、保护和改善城市生态环境、完善当地市政基础设施，提高城市品质，有利于地方经济的持续、稳定、快速发展，有利于城市生态环境的良性循环。

参考文献

[1] 张旺，庞靖鹏. 海绵城市建设应作为新时期城市治水的重要内容
    [J]. 2014. 09. 002.

[2] 仇保兴. 海绵城市（LID）的内涵、途径与展望[J]. 中国城市科学
    研究会，2015. 02.

[3] 苏义敬，王思思，车伍. 基于"海绵城市"理念的下沉式绿地优化
    设计[J]. 南方建筑，2014. 06.

[4] 王文亮，李俊奇，王二松. 海绵城市建设要点简析[J]. 建设科技，
    2015. 01. 004.

[5] 车伍，张鹍，赵杨. 我国排水防涝及海绵城市建设中若干问题分析
    [J]. 建设科技，2015. 01. 005.

作者简介

李艳兵，株洲市规划设计院规划分院副总，注册规划师；

李先凤，株洲市规划信息服务中心，中级职称；

熊 瑛，株洲市规划设计院规划分院总规所副所长，注册规划师。

对海绵城市建设绩效评价与考核的思考及方案设计
——以西咸新区为例

The Performance Evaluation and Appraisal and the Scheme Design
—Basing on Xixian New Area

俞 露 张 亮 陆利杰

Yu Lu Zhang Liang Lu Lijie

[摘 要] 绩效评价与考核是对海绵城市建设成效的检验，也是本地化标准规范制定的基础，更是按效果付费机制的前提。本文在住建部《海绵城市建设绩效评价与考核办法（试行）》的指导下，对绩效评价与考核的目标、框架和重点进行了研究，并以西咸新区为例，说明了绩效评价与考核方案及数据监测方案的具体设计过程，供其他城市结合本地特征开展类似方案编制提供参考。

[关键词] 海绵城市；绩效评价；绩效考核；数据监测

[Abstract] The performance evaluation and appraisal on Sponge city was not only the checking of the construction effect, but also the basis of local standard specification, more over the premise of Pay for Performance. Based on the ministry of the sponge urban construction of performance evaluation and assessment method (try out), the performance evaluation and assessment objectives, framework and key were studied. The performance evaluation and assessment scheme and the specific design process of data monitoring plan was illustrated, empirical analysis on XiXian New Coastal Region, provided reference on carrying out a similar scheme combined with local characteristics for other cities.

[Keywords] Sponge City; Performance Appraisal; Performance Evaluations; Data Monitoring
[文章编号] 2016-72-P-036

一、引言

海绵城市建设是落实生态文明建设的重要举措，是实现修复城市水生态环境、控制排水防涝风险、改善人居环境质量等多重目标的有力手段，也是通过有效需求促进经济增长的重要途径。海绵城市建设坚持工程措施和生态措施并重，通过绿色生态方法与灰色基础设施有效结合，构建健康的城市水系统。

2015年，财政部、住建部和水利部联合组织海绵城市建设试点城市的评选，确定了16个城市为第一批试点城市。为了科学评价试点城市的建设成效，便于进一步的考核，住建部于2015年7月发布《海绵城市建设绩效评价与考核办法（试行）》（以下简称住建部《办法》），提出了水生态、水环境、水资源、水安全、制度建设及执行、显示度等六个方面的考核指标。

二、对绩效评价与考核的理解

1. 综合的绩效评价与考核办法反映了海绵城市的本质

海绵城市在国内的研究多数脱胎于低影响开发（LID）研究，在其传播过程中又常与排水防涝问题结合在一起，导致诸多从业人员对海绵城市概念的理

解有所偏差。实际上，LID重点关注建设过程中采用雨水花园、透水铺装等小型分散的人工设施改善雨水面源污染和地块中径流的调蓄，而海绵城市涵盖对天然绿色基础设施的保护、受污染水体的修复恢复、人工建设的仿自然手段等，内涵更为广泛和综合。海绵城市的效益是综合的，不仅仅有助于缓解内涝，而内涝问题的解决，除了依靠海绵城市的建设之外，还需借助管网、泵站等灰色基础设施。无论从什么角度来理解，海绵城市都是健康的城市水系统的象征，从水生态、水环境、水资源、水安全及制度建设等角度对其建设成效进行考核，将有助于业界更为全面和深刻地认识到这一概念与国际上相似理论之间的内在联系和拓展，有助于为试点示范城市明确建设方向和具体目标，也有助于国内其他城市在海绵城市建设中制定综合的系统性方案。

2. 绩效评价与考核应综合多种方式分层次开展

试点考核是对16个试点城市示范效果、水平和能力的检验。完整的考核应包含绩效指标考核、建设进度考核及资金使用考核，其中以绩效指标考核为核心，并遵循以下思路：全面评价试点区域海绵城市创建效果，考核指标严谨、科学合理、概念明晰、可实施性强；考核方案明确可操控，结合模型分析、在线监测、取样分析、进度填报、财务审计

等多种途径进行全方位的考核；考核流程和实施主体落实到位，并按年度形成考核报告，便于新区、省及国家相关部门审查。

海绵城市建设的核心指标是年径流总量控制率，即通过自然和人工强化的渗透、集蓄、利用、蒸发、蒸腾等方式，场地内累计全年得到控制（不外排）的雨量占全年降雨量的比例，但事实上，除了该指标外，还应通过更多维度的指标，方能全面反映海绵城市建设绩效。尽管住建部《办法》从根本上为海绵城市建设指明了方向，但由于不同城市的自然本底、工作基础、建设程度等各不相同，因此仍然需要对考核层次、指标和考核方式进行进一步细化。

考虑到试点城市均确定了15km²以上的示范区域，包含建筑小区、公园绿地、市政道路、防洪整治等多类项目，每类项目内部又将涉及多种低影响开发设施，因此绩效考核应对层次进行区分，从示范区、排水子分区、地块建设、项目效能等不同层次开展，并综合数据监测统计、模型模拟分析、定性分析等方式。

（1）示范区考核的目的是检验示范区域整体建设成效，考虑到三年示范期内，示范项目建设并不能覆盖到整个示范区，建议采用模型模拟分析为主，数据监测统计和定性分析为辅的方式进行考核。

（2）排水子分区的考核是指在示范区选择项目分布较为集中的典型排水子分区，通过数据监测统计

1.中心绿廊一期景观鸟瞰图

为主，模型模拟分析为辅的方式，验证年径流控制率、面源污染控制率等关键性指标。

（3）地块建设的考核主要考察设计方案和规划、审图、验收等环节的控制效果，主要通过对相关设计文件和制度的考察实现。

（4）项目效能的考核则要求选择各类型的典型项目，对项目实际效能能否满足设计标准进行验证，因此主要采用数据监测统计的方式。

3. 数据监测分析是考核评价工作的重点和难点

根据前述分析，考核工作应围绕多个层次，结合模型、实测等方法开展，相对而言，数据的监测分析涉及大量的外业工作，对于设备安装、数据采集内容、采集频次、统计分析等均有较高要求，因此建议编制详细的数据监测方案，作为服务于绩效考核评价的关键性工作。

监测方案的制定和实施可以分为监测对象选择、监测点选择、监测设备安装、数据监测、数据分析等阶段。首先应以绩效评价与考核方案为依据，根据示范区排水分区、管网分布和土地利用情况，综合考虑监测对象的代表性与典型性，选择合理的监测对象，再结合现场勘察，遵循实用、分散与集中相结

合、具备代表性和可行性等原则，进一步确定具体的监测点位，安装监测设备，根据所要求的频次进行监测，最后对所获取的数据进行统计分析。在监测过程中，根据数据获取的情况，还可对监测方案进行优化调整。

与此同时还应考虑到，除了支撑绩效考核评价外，数据监测还是一项重要的基础性研究工作。目前我国已开展的海绵城市设计的参数，大部分都通过借鉴美国SWMM用户手册而来，不具备本地化的基础。通过对单项海绵设施水量和水质控制成效的长期监测，或同等背景条件下多组同类海绵设施的设计形式、材料、植物等比对，有助于蓄排水层厚度、孔隙比、透水率等多项参数的确定，并辅助编制基于本地条件的海绵城市设施设计标准与规范。

三、西咸新区海绵城市建设绩效评价和数据监测方案

西咸新区是我国首个以创新城市发展方式为主题的国家级新区，被国务院赋予建设丝绸之路经济带重要支点、我国向西开放重要枢纽、西部大开发新引擎和中国特色新型城镇化范例的历史使命。

作为首批16个国家海绵城市建设试点城市之一，西咸新区提出了构建地块-道路-调蓄枢纽三级雨水利用体系，并以缓解水资源压力、解决城市洪涝风险、提升生态环境品质为重点，探索海绵城市建设的西北示范。本次获批的海绵城市示范区为沣西新城核心区，年径流总量控制率目标为85%。

新区的总体规划提出建设"组团布局、大开大合"的现代田园城市，生态保护空间占总面积的70%，并通过"生态海绵保育绿色本底、湿地海绵修复河湖水系、城市海绵建设都市绿网"三大路径全面展开海绵城市建设。目前，示范区已结合重点工程建设，开展多个海绵城市试点项目，包括同德佳苑小区项目，尚业路、创业路等道路项目，以及环形公园一期和中央绿廊的绿地项目。

1. 西咸新区海绵城市建设绩效评价与考核方案

在住建部《办法》的基础上，西咸新区进行了进一步的细化，确定了包含6大类别、20个指标、4个层次、3个等级的绩效评价与考核方案，并将相应的工作任务进行分解。其中核心指标为突出体现海绵城市目标及西咸新区特色的指标，而建议指标则属于住建部《办法》中提及，但由于西咸新区的具体情

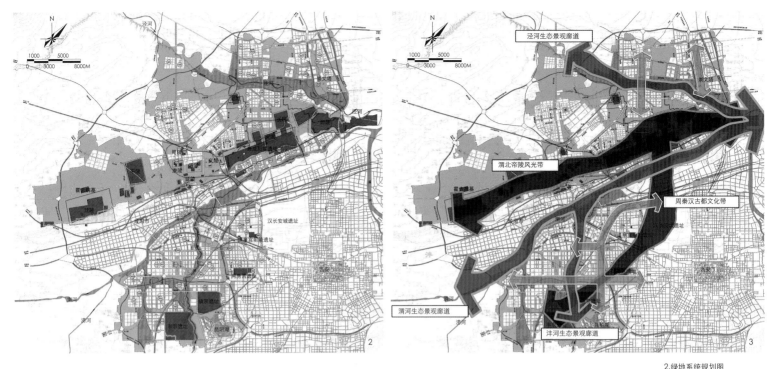

2.绿地系统规划图
3.生态体系结构图
4.总体规划图
5.排水分区划分
6.康定和园监测点位置布局图
7.6#排水分区监测点布置图

表2　　　　　　　　　西咸新区绩效评价与考核方案一览表

类别	考核指标	考核层次	考核方式	指标等级	考核目标值
水生态	年径流总量控制率	示范区	模型模拟	核心指标	年径流总量控制率不低于85%；设计降雨量下不出现雨水外排
		典型排水分区	数据监测		
		典型项目	数据监测		
	生态岸线恢复	示范区	定性考察	一般指标	新河硬化断面开展生态修复，恢复生态功能
	地下水位	示范区	数据监测	核心指标	地下水水位控制达标率70%①
	城市热岛效应	典型项目	数据监测	建议指标	热岛强度有缓解
水环境	水环境质量	示范区	数据监测	一般指标	河湖水系不黑不臭，水质有较大提升，下游断面优于上游②
	地下水质	示范区	数据监测	核心指标	地下水质恶化趋势得到控制
	城市面源污染控制	典型排水分区及示范区	定性考察	一般指标	旱季排出口无污水排放
		典型项目	数据监测		面源污染削减符合设计要求
	污水厂出水水质标准	示范区	数据监测	核心指标	污水厂出水达到一级A标准；出水经再生水厂或人工湿地处理后达到地表水Ⅳ类标准
水资源	污水再生利用率	示范区	数据监测	核心指标	替代市政杂用或景观水的再生水占污水处理量的30%以上③
	雨水资源利用率	示范区	数据监测及模型分析	核心指标	替代市政杂用水比例10%~15%
	管网漏损控制率	示范区	数据监测	建议指标	供水管网漏损率不高于12%
水安全	城市暴雨内涝灾害防治	示范区	模型模拟及定性考察	核心指标	内涝防治标准不低于50年一遇；积水程度明显减轻
	雨水管渠达标率	示范区	模型模拟	核心指标	全部雨水管渠达到3—5年一遇设计标准
	饮用水安全	示范区	数据监测	建议指标	自来水厂、管网和水龙头出水达到生活饮用水卫生标准要求
制度建设及执行情况	规划建设管控制度	示范区	定性考察	核心指标	编制出台相应的政策文件
		地块建设	规划、审图、验收控制	一般指标	地块设计施工图中，下沉式绿地率、绿色屋顶率、可渗透地面面积比例等指标符合控规要求
	蓝线、绿线划定与保护	示范区	定性考察	一般指标	查看是否编制蓝线规划和政策文件
	技术规范与标准建设	示范区	定性考察	核心指标	查看是否编制相关技术、标准、导则和图集等
	投融资机制建设	示范区	定性考察	核心指标	查看是否出台相应的政策文件
	绩效考核与奖励机制	示范区	定性考察	一般指标	
显示度	连片示范效应	示范区	定性考察	一般指标	40%以上的示范区达到海绵城市建设要求，形成整体效应④

况，不属于建设重点的指标。

2. 西咸新区海绵城市建设绩效监测方案

基于上述绩效考核与评价方案，根据片区内排水管网的建设和规划情况、土地利用类型、仪器安装难度等情况，确定海绵城市建设绩效监测方案和监测点布局图纸。以下以年径流总量控制率指标考核所需的数据监测方案为例进行说明。

典型排水分区监测：6#排水系统。示范区共分为6个排水分区，其中6#排水系统为白马河排水分区，分区内雨水通过雨水管道汇入白马河路雨水涵，并沿白马河路雨水管涵由南至北排往渭河，在白马河路与统一路交叉口流出试点区域。监测点选定为白马河路与统一路交叉口北侧的雨水检查井处，在雨水检查井上游管道1和管道2和检查井下游管道3三处管道中布设流量监测设备，分别监测三处管道流量，所需排水流量即为管道3流量减去管道1、管道2流量（因统一路北侧管网不属于同一排水分区）。管道流量监测需连续进行，监测时间为一年，管道在降雨时段（管道水深大于5cm）流量监测频率为5min/次。

典型项目（地块）监测：康定和园等。康定和园为保障性住房项目，地块雨水通过两根DN500雨水管道向北排入康定路市政雨水管道。康定和园监测点选定为地块雨水管道接入市政管道的两个雨水检查井处，在监

图例
居住用地　　　公共设施用地
文物古迹用地　工业用地
道路广场用地　对外交通用地
市政设施用地　仓储物流用地
公共绿地　　　特殊用地
农林生产用地　防护绿地
铁路　　　　　水域河流
高速路　　　　道路
规划范围　　　组团边界

4

5

6

7

测点检查井下游雨水管道中安装流量监测设备。管道流量监测需连续进行，监测时间为一年，管道在降雨时段（管道水深大于3cm）监测频率为3min/次。

典型项目（道路）监测：尚业路。道路雨水经雨水控制利用设施处理后，排入道路下市政雨水管道，经道路雨水管道排入秦皇大道雨水管道中。根据对尚业路和周边地块高程的分析，该道路不会承接周边地块的地表径流，适宜于道路低影响开发设施效果的验证。监测点选定为尚业路雨水管与秦皇大道雨水管衔接的检查井处，在以上检查井处装设流量监测设备，监测检查井下游管道处流量。管道流量监测需连续进行，监测时间为一年，管道在降雨时段（管道水深大于3cm）监测频率为3min/次。此外，监测方案还应包含监测设备要求和建议、监测数据入库要求等。

四、结语

根据住建部《办法》，具体的海绵城市绩效考核与评价工作将分为三个阶段，包括城市自查、省级评价和部级抽查，预计其结果可能跟奖励资金的拨付关联。可以说，除了绩效考核评价之外，各试点城市的考核及监测方案设计还将为未来其他工作提供重要的基础和参考，如本地设计标准和规范的编制以及PPP项目的绩效考核和按效果付费等。方案的设计虽然难度不高，但涉及诸多细节，并衔接大量实操工作，因此需要十分谨慎和周全。

注释

① 区内考核井70%以上水位降幅达到0.5m以内，即为地下水位控制达标率达到70%以上。

② 西咸新区目前的较大河流除目前流域治理工作较完善的沣河、渭河之外，还有一条新河，但该河流上游（示范区外）流经大量村镇地区，截污整治任务艰巨，难以在三年内全部完成，因此本指标未采用住建部《办法》要求的"河湖水系水质不低于IV类标准"的目标。

③ 住建部《办法》规定该指标需达到20%以上。考虑到西咸新区地处西北缺水地区，水资源量的短缺急需通过再生水、雨水等的利用来缓解，并进一步控制地下水位降低，因此将该指标要求适当提高。

④ 住建部《办法》规定该指标需达到60%以上。考虑到新区新建项目较多，建设时序受到的影响因素较为复杂，因此将该指标适当调低。

参考文献

[1] 住房城乡建设部办公厅关于印发海绵城市建设绩效评价与考核办法（试行）的通知[Z]. 建办城函[2015]635号.

[2] 海绵城市建设技术指南——低影响开发雨水系统构建（试行）[S]. 北京：住房和城乡建设部，2014.

[3] 潘国庆，车伍，李俊奇，等. 中国城市径流污染控制量及其设计降雨量[J]. 中国给水排水，2008，24（22）：25-29.

[4] ROSSMANLA, SUPPLYW. Storm water management model user's manual, version 5.1[M]. National Risk Management Research Laboratory, Office of Research and Development, US Environmental Protection Agency, 2014.

[5] 陕西省西咸新区海绵城市建设试点三年实施计划[Z]. 陕西：陕西省西咸新区开发建设管理委员会，2015. 5.

作者简介

俞露，工学硕士，深圳市城市规划设计研究院低碳生态规划研究中心主任，高级工程师；

张亮，工学硕士，深圳市城市规划设计研究院，工程师；

陆利杰，理学硕士，深圳市城市规划设计研究院，助理工程师。

海绵城市 · 生态排水
——温岭市东部新区海绵样板案例

Sponge City and Ecological drainage
—A Case Study of Sponge Model in the Eastern New District of Wenling City

赵敏华 刘云胜
Zhao Minhua Liu Yunsheng

[摘　要]　海绵城市生态排水是对传统"灰色排水"的反思。40年来，生态排水由BMPs发展到LID及SUDS体系，2010年成为美国21世纪生态城市的绿色基础设施之一。海绵城市是解决城市内涝和面源污染的绿色低碳技术，用生态工法取代钢筋水泥的排水设施，在欧美城市有很多成功案例，近年来绿色生态排水在国内城市开始应用。温岭东部新区在2010年《温岭东部新区生态基础设施规划》的基础上，编制了《东部新区生态化排水方案》和《东部新区生态化排水设计、施工及维护指南》。海绵城市生态排水不仅应用于东部新区的市政道路，更推广应用于企业，在厂区内建设雨水花园、植草沟等绿色基础设施。目前，金塘北路和联合齿轮厂的生态排水已建成，并得到浙江省建设厅的高度评价，树立浙江省海绵样板。

[关键词]　海绵城市；生态排水；绿色基础设施；低影响开发；雨水花园

[Abstract]　Sponge city and Ecological Drainage is reflection on the traditional "gray drainage". For 40 years, Ecological Drainage have developed from the BMPs to the LID and SUDS system, becoming one of the green infrastructure of the 21st century eco-city In 2010 in the United States. Sponge city is a green and low-carbon technology to solve urban waterlogging and to point source pollution. Drainage facilities substitute with reinforced concrete ecological engineering. There are many successful cases in Europe and America. In recent years, green ecological drainage began to be applied in many Chinese cities. On the basis of " Eastern New Area Ecological Infrastructure Planning of Wenling " of the 2010, Wenling Eastern New Area compiled "Eastern New Area ecological drainage schemes " and "Eastern New Area ecological drainage design, construction and maintenance guide". Sponge City and Ecological Drainage not only applied to Eastern New Area municipal roads, but also extended to the enterprises, built rain gardens, grass ditch and other green infrastructures. Currently, Ecological Drainage has been built in Jintang Road and joint gear factory, and became a model for the sponge city on Zhejiang Province.

[Keywords]　Sponge City; Ecological Drainage; Green Infrastructure; Low Impact Development; Rain Gardens

[文章编号]　2016-72-P-040

1.温岭东部新区位置示意图

一、理解海绵城市生态排水

传统城市排水的雨水大部分不能滞蓄下渗，而通过地面收集后汇流进入雨水口，再通过管道及泵站进入河道，以快速排除为目标。集中城市化后，城市地表大部分变为不透水的路面、屋面及硬地面，改变了地表生态环境的结构和功能，严重影响雨水滞留、下渗和蒸发等环节，导致水的自然循环改变，加剧城市洪灾风险、雨水径流污染、雨水资源流失、生态环境破坏等问题。

1. 海绵城市生态排水的内涵和功效

生态化排水即绿色雨水基础设施，是对传统的"灰色雨水基础设施"的反思。美国、德国和英国是生态化排水、雨洪控制利用和雨水管理的先进国家，从20世纪70年代至今经过40年的发展，取得了丰富的实践经验，制定了系统的法律法规和技术规范，利用经济、技术和管理手段，开发了多种多样的生态化排水雨水利用技术，形成了较为完善的生态化排水法规和技术体系。

（1）生态排水绿色雨水基础设施的内涵

美国环保局（EPA）对绿色基础设施的描述：采用自然生态系统或模拟自然的人工系统的一系列产品、技术和措施，保障区域整体的环境质量和提供有效的服务，重点是构建城市良性水文循环和雨洪控制利用。

美国规划协会在对绿色基础设施定义：林荫街道、湿地、公园、林地、自然植被区等开放空间和自然区域组成的相互联系的网络，能够以自然的方式控制城市雨水径流、减少城市洪涝灾害、控制径流污染、保护水环境；核心是良性水文循环。

2008年，在低影响开发国际会议（2008 International Low Impact Development Conference）上，西雅图公共事业局提出更专业的绿色雨洪基础设施（Green Stormwater Infrastructure），充分利用自然条件并人工模拟自然生态的方式，通过雨洪利用、强化下渗、调蓄、滞留、蒸腾、蒸发等原理和一系列技术措施，控制城市雨水径流污染、减少洪涝灾害、科学利用雨水资源、保护城市水环境和促进城市良性水循环。

2010年，生态排水绿色雨水基础设施被美国环保总署定义为21世纪的绿色基础设施（Green Infrastructure）。

（2）生态排水绿色雨水基础设施的功效

综合国内外研究与实践，绿色雨水基础设施具有环境、经济、社会三方面的效益。

环境方面：减少雨水径流量、峰值和径流污染，增强地下水交换，改善流域水循环；增加野生动物栖息地和提供居民休闲娱乐场所，缓解城市热岛效应，改善空气质量，提高居民生活健康水平；减少合流制管道溢流量和溢流频率，改善河湖水环境，保护城市饮用水源。

经济方面：区域土地增值，促进区域发展；降低基础设施投资和运行费用。

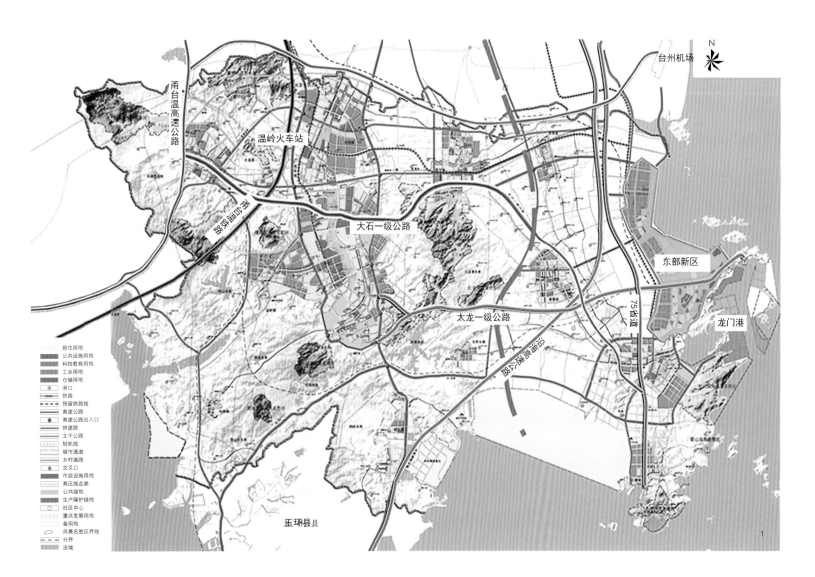

地图图例：
居住用地
公共设施用地
科技教育用地
工业用地
仓储用地
港口
铁路
预留铁路线
高速公路
高速公路出入口
快速路
主干公路
轻轨线
城市通道
乡村道路
交叉口
市政设施用地
高压线走廊
公共绿地
生产防护绿地
社区中心
重点发展用地
备用地
风景名胜区界线
分界
流域

地图标注：甬台温高速公路、温岭火车站、大石一级公路、太龙一级公路、东部新区、75省道、龙门港、台州机场、玉环县界

社会方面：增加居民与绿色接触的机会，提高绿化率及增加绿色空间，提供宜居环境，增强宣传教育和公众环境意识。

2. 海绵城市生态排水的发展

40年来，雨水管理由BMPs发展到LID、再到SUDS体系及绿色雨水基础设施。

（1）BMPs体系

1972年，美国联邦水污染控制法第一次提出最佳管理措施BMPs（Best Management Practices），起初BMPs主要是控制非点源污染，现在BMPs已经注重利用综合措施来解决水质、水量和生态等问题。BMPs包括雨水池（塘）、雨水湿地、渗透设施、生物滞留和过滤设施等工程性措施，及各种管理措施。

（2）LID体系

低环境影响开发LID（Low Impact Development）的理念最初由新西兰科学家提出。1990年，美国马里兰州环境资源署将LID和最佳管理措施BMPs有机结合，从基于微观尺度控制的BMPs基础上，发展成LID体系，主要是通过分散的、小规模的源头控制来达到对暴雨所产生的径流和污染的控制，在开发中尽量减少对环境的冲击和破坏，使开发地区尽量接近于自然的水文循环。LID设计分为保护性设计、渗透技术、径流储存、径流输送技术、过滤技术、低影响景观等六部分。

（3）可持续城市排水系统体系

1999年5月，英国为解决传统排水体制产生的多发洪涝、严重的污染和对环境破坏等问题，吸取LID优点，将环境和社会因素纳入到排水系统中，建立了可持续城市排水系统，可持续城市排水系统（Sustainable UrbanDra inage Systems）。SUDS主要综合考虑水质、水量和娱乐游憩价值，SUDS由"传统排水"提升到维持良性水循环的可持续排水系统，综合考虑水量、水质、水景观和生态环境等；由原来只对城市排水设施的优化，上升对整个区域水系统的优化，不仅考虑雨水还考虑城市污水与再生水，通过综合措施来改善城市整体水循环。

3. 海绵城市生态排水在国内外的应用

生态排水经过40多年研究实践及推广，在美国、欧洲等城市有很多成功的应用案例，如美国的西雅图市和波特兰市及英国丹佛姆林市东区DEX等。

1990年，西雅图公用事业局在实践中发现源头控制是治理面源污染最经济有效的方法，就在西雅图的商业和工业中心进行了面源污染源头控制试点。研究的第一步是建立西雅图市中心水文、水利和城市管网模型，对各种方法组合进行模拟和比较，模型已成为重要决策平台。面源污染源头控制试点成功后，西雅图公用事业局在整个流域内实行面源污染源头控制。2004年，西雅图LID都市自然排水系统（样板街区SEA Street），获哈佛大学商学院年度最佳创新奖。

过去几十年我国对待城市雨水的态度基本上是把它当作一种"废水"尽快排放，一方面将宝贵的雨水资源白白浪费，另一方面污染了接受水体。近年来，中国城市雨水问题引起越来越多的重视，在北京、上海、深圳、武汉等城市建设中，也开始了探

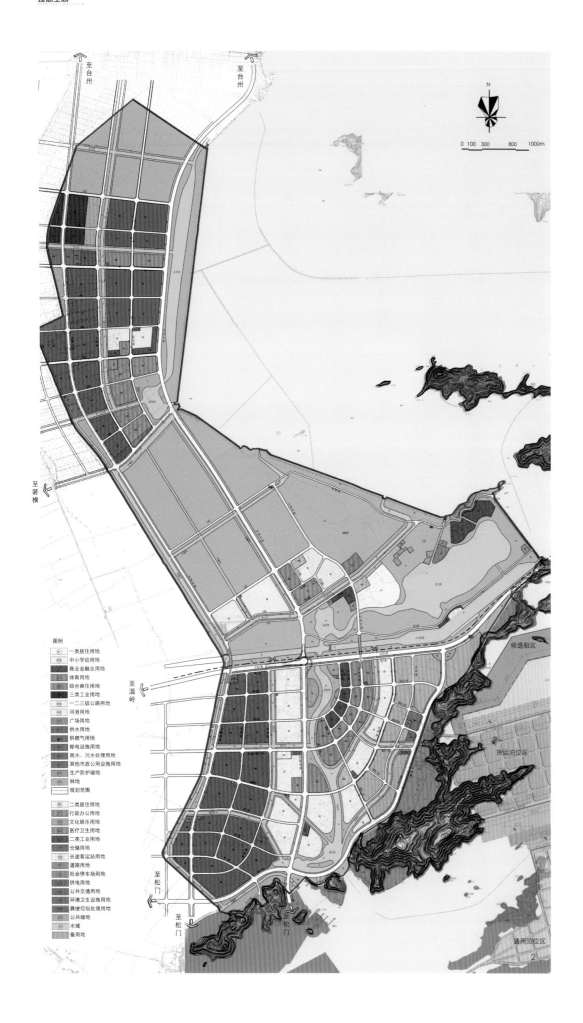

2.温岭东部新区规划图

索、研究和实践。

随着城市雨洪控制利用、绿色建筑等理念的逐步推进和相关研究的深入，雨洪控制利用在国内大中城市逐渐推广。在北京、上海、深圳、武汉等城市居住小区和公共建筑项目中，植被浅沟、下凹式绿地、雨水花园、雨水景观水体、雨水湿地、雨水花坛、植被缓冲带等绿色雨水技术得到广泛应用。通过这些绿色生态措施，削减了进入市政管道和水体的雨水量及污染物，节省了雨水管道等传统基础设施的投资，提高了开发商的积极性，同时也为小区居民提供了健康、生态、宜居的生活环境。

2010年上海世博会，绿色雨水基础设施得到广泛应用，如屋面雨水收集利用、屋顶绿化、低洼绿地、渗透性辅面等措施，将雨水资源利用、防洪排水、城市景观、生态环境等功能融为一体，符合"生态世博"的理念。

二、项目背景——东部新区树立成为海绵城市建设样板

根据温岭东部新区总体规划，东部新区将成为温岭市经济中心、旅游休闲中心和生态示范区，成为我国东部沿海围垦开发的典范；东部新区总体规划指导思想第一条就是"贯彻生态化及可持续发展"。生态化排水理念符合这一要求，从源头削减污染，过程控制降雨径流，充分利用雨水资源，充分体现了生态化及可持续发展的理念。

实施生态化排水的建设，必然能大大提高温岭东部新区的整体生态环境，而优美的生态环境又能提升片区土地价值，也是在用实际行动建设"生态文明"。

东部新区在开发之初就已考虑"生态化可持续发展"的具体实施路径，将"低影响开发、生态网络、生态补偿"等理论融入城市规划，积极探索雨水径流控制、水资源利用、水污染防控、水景观营造和水生态保护。在《温岭东部新区生态基础设施规划》的基础上，编

制了《温岭东部新区生态化排水方案》和《温岭东部新区生态化排水设计、施工及维护指南》，为该地区规划设计了一套通过让雨水"停一停、流一流、渗一渗"，能够自然积存、自然渗透、自然净化的生态排水系统。这种让城市在适应环境变化和应对自然灾害等方面能如"海绵"一样具有良好的"弹性"的"海绵城市"设计理念，不仅被应用于东部新区的市政道路设计等公建项目，如利用市政道路两侧的绿地进行生态化排水，更是被推广应用于东部新区的入驻企业，在厂区内建设雨水花园、植草沟等。目前，金塘北路和联合齿轮厂的生态化排水工程已初见成效。

2015年6月3日，由省财政厅、省建设厅组成的调研组来到温岭市东部新区，对该地区的"海绵城市"建设工作进行了调研，给予了充分肯定，认为应该树立成为全省的样板。

三、温岭东部新区海绵城市生态排水规划

1. 东部新区总体规划概况

（1）发展定位和目标

东部新区规划定位为温岭城市的副中心，成为东部的经济中心、旅游休闲中心和生态示范区。

（2）发展战略

强调特色：做好海滨的文章，突出地方特色，构筑优美环境，规划区应逐步形成富有特色的海滨城市风貌；

产业兴区：走新型工业化道路，培育休闲旅游业；

生态协调：运用科学技术手段进行土壤改良处理，同时加强中水系统循环利用，使规划区形成一个生态平衡与优化的系统。

2. 东部新区海绵城市生态排水建设的必要性

温岭东部新区实行生态排水建设是东部新区可持续发展的需要，并且可以加快东部新区盐碱的水土淡化，改善东部新区生态环境，提升东部新区的土地价值。

（1）东部新区可持续发展的需要

温岭东部新区总体规划明确要建成温岭东部的经济中心、旅游休闲中心和生态示范区，成为我国东部沿海围垦开发典型与范例。生态排水理念完全符合这一总目标的要求，从源头削减污染，过程控制降雨径流，充分利用雨水资源，营造宜居、宜业和宜商的城市新区。

（2）加快盐碱水土淡化的需要

温岭东部新区为滩涂围垦而成，而传统的排水模式让大量的雨水直接排走，流入大海，并未起到土

壤洗盐的作用，浪费了淡水资源。生态排水工程的实施，通过雨水径流的渗滤，改良土壤的盐碱性，改善片区的生态气候，保证北部工业区形成一个生态平衡与优化的系统。

（3）改善生态环境提升土地价值的需要

生态化排水的实施建设，大大提高东部新区的生态环境，而优美的生态环境又能提升片区土地价值。

3. 温岭东部新区海绵城市专项规划的主要内容及特色

（1）结合雨洪管理，发挥河湖水系的大海绵作用

按照《温岭市东部新区水资源配置规划》，通过对龙门湖及周边水位水量进行控制调度，进行温岭东部新区水资源配置并提出雨洪管理建议。

近期为了加快东部新区土壤淡化，可以在大暴雨时，通过各引水闸引用严石航道及严家浦上游河网的雨洪资源，加快置换龙门湖旅游区、南部城建区、中部农业区和工业区内含盐量较高的水体，雨洪引水量300万m³基本满足各分区的换水要求。

远期可结合温岭平原河网的防洪排涝调度，充分利用雨洪资源。根据温岭东部新区各分区的用地面积、河湖面积及不同水位的库容量汇总计算，温岭东部新区0.5m到1.5m水位的河湖调蓄库容480万m³。通过严家浦引若松大河、木城河及运粮河等上游河道的暴雨洪水，严家浦上游可引用河网的汇水面积约200km²，为确保引用雨洪资源的水质，超过100mm暴雨的洪水才考虑引入，根据10年降雨资料分析，平均每场暴雨156mm，水位上涨到一定程度后再引水，只引用降雨中后期约100mm暴雨的径流。根据河网模型计算，汇水面积200km²的100mm暴雨产水2000万m³。按照雨洪模型计算，上游雨洪引用15%~25%，每场暴雨可引雨洪水300~500万m³。

远期利用龙门湖水库及周边河湖汛期将当地雨水径流量和上游雨洪水贮存起来，作为东部新区及台州石化园区的备用水源。规划远期年可利用储备水资源量1 070万~2 300万m³，远期每天可提供规划温岭东部水厂及石化园区3万～6万m³水资源量。

（2）温岭东部新区径流面源污染控制

温岭东部新区径流面源污染控制规划提出源头削减——过程控制——末端处理的基本思路。

源头削减——在城市居住用地、商业用地、工业用地、公共服务设施用地、道路、公园等面源污染来源的主要区域，通过增大透水面积、加强地表卫生管理、多途径雨水利用和净化初期雨水等措施，从源头上削减城市面源污染物的负荷。

过程控制——是在降雨径流过程中，通过各种措施对水量和污染物量进行控制。

末端处理——在受纳水体附近设置污染净化设施，进一步削减入河污染物总量。包括设置雨水调蓄设施、设置人工湿地-塘系统和河道水质强化处理设施等。

根据《温岭东部新区生态排水总体方案》，建设海绵城市可以有效减少径流面源污染50%~80%左右，东部新区水质近期可以达到Ⅳ类，远期达到Ⅲ类。

（3）北部工业区水循环及河湖生态修复

温岭东部新区北部工业区现状水质含盐度较高，平均含盐度在7‰左右，近期通过引水闸引用上游雨洪，经西蒙河通过北片引水闸进入工业区日升河，以置换工业区含盐量较高的水体，加快工业区水土的淡化。远期工业区水系含盐度降低后，需要实施水系循环，建议结合片区湿地的布置，提出具体的水系循环方案。

根据东部新区生态浮岛植物除氮技术和底泥营养盐的控制技术初步研究，建议在龙门湖东部水域设置生态浮岛，吸附氮磷营养物，避免发生湖泊富营养化，对生态浮岛的净化和景观效果，植物种类的合理空间搭配和季节交替搭配，生态浮岛的管理维护提出要求。对工业区河湖底泥营养盐的控制措施进行研究，分别提出生物措施和工程性措施。

四、温岭东部新区海绵城市实施评价及管理经验

温岭东部新区北部工业区已经建成的金塘北路和联合齿轮厂房，二个项目的生态排水实施评价及管理经验如下。

1. "海绵"道路——金塘北路

东部新区全区主干道路实施生态化排水设计，使道路中间和两侧绿地获得渗水、滞水、净水三重功能。目前北部工业区的金塘北路、千禧路两条主干道已按照这样的设计理念率先完成施工。

以金塘北路为例，把机非绿化隔离带设计成"下凹式"绿地，是为了强化城市的自然渗透能力，让雨水进入河道前先渗透、过滤，补充地下水，减少暴雨径流量、延缓地表径流洪峰生成时间，因此具有自然积存的滞水功能。

由镇江市城市规划院编制的东部新区LID设计方案，利用两侧绿地和机非隔离带，雨水进入两侧绿地草沟和雨水花园，不设雨水管。路面上看不到窨井

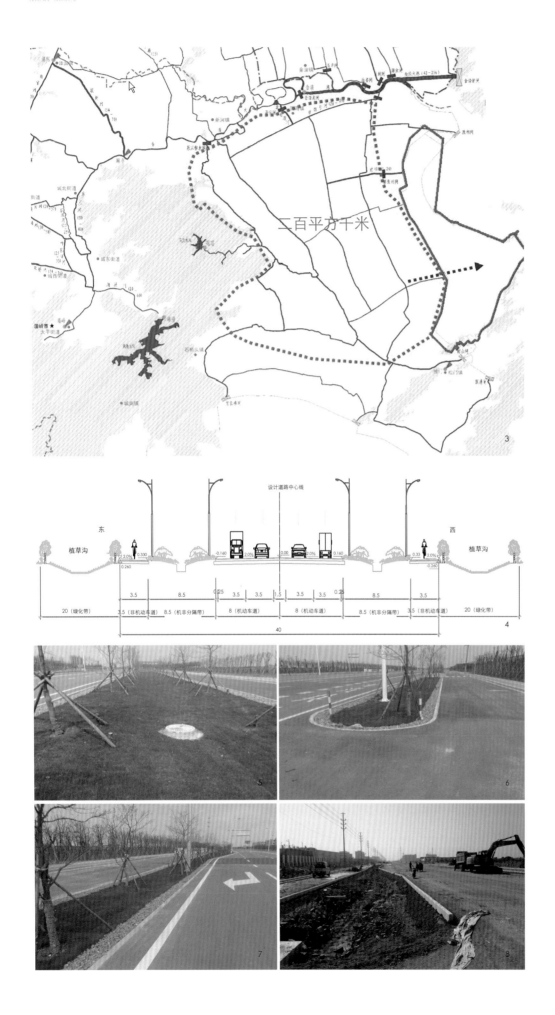

盖，绿化隔离带被设计成"下凹式"的绿地和植草沟，所有雨水都进入低于路面的植草沟。金塘北路的LID包括：草沟、过滤带、下渗渠、雨水塘和树坑等，详述如下。

（1）道路两侧绿化和机非分隔带均可设置植草沟，其规模主要根据集水面积、草沟坡度、流速、滞留时间等因素计算判断。同时需要考虑5、10年一遇洪水，设置草沟排水口。

北部工业区道路生态化排水的工程布置形式为路面雨水通过道牙开口排入生态化滤池，通过矩形管穿过人行道，侧向流入两侧绿化带的植草沟。植草沟坡度与道路纵坡基本一致，雨水径流经植被过滤后再通过雨水检查井，排入市政雨水管道。道路不再设置传统雨水篦（除道路交叉口外）。

（2）生态化滤池利用树池见面积，用下凹式植草池截流马路雨水泥沙、残叶等杂物植被高度需要低于路面。植被（如草皮）顶部低于路边50mm。土层需低于路约150mm（土层上方铺草皮）。

道路排水通过生态化滤池过滤后，由两根并排0.25×0.2的涵管将水引入植草沟。涵管末端需要设计碎石等消能措施，将雨水分散进入管道。

（3）雨水塘分为前池和主池。前池用于沉淀泥沙，拦截较大悬浮物。池深为0.7m，池底为平底，在前池与主池的连接处设计0.35m高的碎石分割前池和主池。雨水塘主要用在雨水径流接入植草沟的入口处。

2. "海绵"厂区——联合齿轮厂

温岭东部新区率先在浙江联合齿轮有限公司，试点以"雨水花园"为标志的生态化排水，目前联合齿轮厂已建成投产。

联合齿轮厂规划设计了下凹式绿地，雨水不允许地下暗接排水管道，通过一个蓄水塘溢流到排水管道。因为工业区厂房的占地面积大，道路和绿地面积占比不大，但可以通过精细化设计施工和管理来解决。

联合齿轮厂总用地20 304m²，建筑占55%(11 136m²)绿地面积3 086m²，绿地率15%，大部分屋面和所有道路、停车位雨水排入雨水花园生态处理，雨水花园面积1 403m²，占6.9%。

雨水花园要下挖和换土，蓄滞和渗透雨水的能力大大加强。镇江城市规划院用SWMM

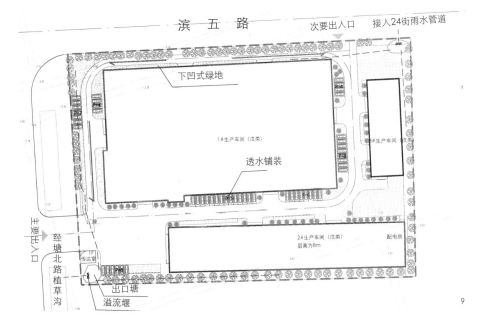

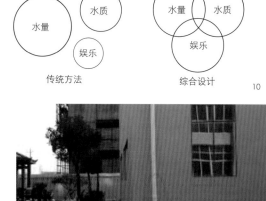

9

10

3.东部新区雨洪资源利用范围图
4.金塘北路生态化排水方案图
5-7.已经建成的金塘北路
8.正在施工的金塘北路
9.联合齿轮厂生态化排水方案图
10.可持续城市排水系统（SUDS）示意图
11.联合齿轮厂出口水塘照片

模型计算，结论是渗滞蓄强化的面积占总面积的6.9%，就足以消纳全部雨水。

比如出口水塘的设计，雨水不允许暗接，必须明接到雨水管，一定要通过溢流水塘，一是沉淀，第二可以监督，第三水还能用。原来设计成敞开的出口水塘，施工时为水泥池，上面加盖木板和亭子。

用一根很长的橡皮管，从水池里面抽水出来用。屋顶下来的水、场地的水，通过绿地的渗透和过滤净化，再进入到这个蓄水池。

3. 管理经验

为了从源头上控制污染，保护新区空气质量和河湖水质，东部新区改变了传统的产业园区开发模式，在项目准入和企业建设过程中，推行"生态环保、循环可持续"的发展理念。

每一个项目入区前，首先要由专家集体评估论证，对项目的亩均产值、税收、设备、能耗、环保等12项指标进行现场量化评估，达到标准的方可获得入区资格，杜绝对环境产生污染的项目进入。

2015年11月正式颁布执行的《温岭东部新区工业企业设计、建设和管理准则》，温岭东部新区生态化排水的设计、建设和管理要求，具体如下：

（1）企业应按照"海绵城市"建设要求设计厂区内部生态化排水系统。委托具有相应资质的设计单位并向设计单位提供《温岭市东部新区工业企业生态化排水设计、施工及维护指南》，按照《指南》要求，完成生态化排水系统（包括围墙、室外道路、雨水利用系统、排污系统、绿化景观等工程）的施工图设计。在房屋结构中间验收前向管委会提交设计施工图，施工图审查合格后方可施工。未提交施工图的，市质安站不予组织结构中间验收。

（2）厂区内绿化带应低于厂区内路面标高，所有雨水口应设置在绿化带内，路面雨水经绿化带过滤后排入雨水管道，厂区路面严禁设置雨水口。提倡企业厂区内道路不设置路缘石，如果设置路缘石应确保路面雨水能排入绿化带。

（3）停车位应采用透水铺装。

（4）企业的雨、污水市政接入口位置应在相关施工图设计时及时与管委会建设开发局联系确定。厂区内雨水接入市政雨水管网的接入口可根据厂区面积设置多个，每个接入口前端必须设置露天雨水池塘或浅草沟。

（5）雨水花园应采用生态化设计，不得采用混凝土硬化或石块浆砌等非生态措施。

（6）企业职工食堂、淋浴间、卫生间等生活污水应全部接入污水管网，职工宿舍等生活用房的阳台落水口也应接入污水管网。

参考文献

[1] Tracy Tackett. Seattle's policy and pilots to support green stormwater infrastructure [A]. 2008International Low Impact Development Conference.

[2] 车伍，吕放放，等.《发达国家典型雨洪管理体系及启示》[J].中国给水排水，2009. 10.

[3] 张伟，车伍，等.《利用绿色基础设施控制城市雨水径流》[J].中国给水排水，2011. 2.

[4] 尹澄清.等.《城市面源污染的控制原理和技术》[M].中国建筑工业出版社，2009. 05.

[5] 《LID技术对都市可持续性发展的前景和展望》[G].余年2013年6月镇江城市规划院报告.

[6] 赵敏华，时珍宝，等.《世博会地区水务专项规划》[G].上海市水务规划研究院，2006.

作者简介

赵敏华，上海市水务规划设计研究院，副总工；

刘云胜，上海同济规划设计研究院，博士后，主任规划师。

济南市排水防涝规划中海绵城市大尺度空间保障措施探索
Exploration of Large Scale Space Measures Safeguard of Sponge City in Ji'nan City Drainage Planning

李 丁
Li Ding

[摘　要]　本文讨论了排水防涝规划在海绵城市建设中应起到的作用，并结合济南市的排水防涝专项规划，介绍了城市专项规划层面能给海绵城市建设提供哪些支持。

[关键词]　排水规划；海绵城市

[Abstract]　This paper discussed the effect of drainage planning on construction of sponge city, and furthermore introduced the supports that could be provided on city specified planning level, based on the experience of Jinan for drainage planning.

[Keywords]　Drainage Planning; Sponge City

[文章编号]　2016-72-P-046

1.河道资源化利用图
2.济南市现状水系图
3.济南市河道流域划分图

一、排水防涝专项规划与海绵城市的关系

近年来，北京、武汉、成都、南昌、南京等国内各大中城市接连遭受特大暴雨袭击，城市内涝灾害严重。传统上，城市规划层面解决城市内涝依靠"排水防涝"专项规划，由给排水专业主导。制定顺序上，一般是先有总体规划阶段的排水防涝章节，对大的排水体制、设计标准、设计原则、主要分区、主要设施进行规定；然后排水专业部门根据城市总规人口与用地的大框架再编制单独的、更详细的排水防涝专项规划。往往结合道路建设计划、部门需求等因素编制排水管网与设施的近期投资与建设计划，用于指导后期施工阶段的项目立项、财政资金的申请等。

2014年国务院及有关部委接连发文提倡建设"海绵城市"，用"海绵"的理念来建设城市，将城市而不仅仅是排水系统建设成为能够吸水、蓄水、净化水、回用水的具有弹性的城市空间，这种要求实际上远远超出了给水排水工程这个专业的职责范围，传统的排水防涝规划变为"海绵城市"建设中的必要条件而非充分条件。排水防涝规划有助于提高管道设计标准，打通断头排水通道，保证水可排，快速排，少积水，而吸水、蓄水、回用水则需要规划、建设、国

土、园林、市政、水利、环保等多个部门共同协作才能实现。

二、济南市海绵城市的要求与目标

1. 城市概况

济南市位于中国大陆中东部，年平均降水量685mm。气候与国内大多数城市一样，受温带大陆性气候影响，冬冷夏热，雨热同期，汛期雨水集中度高达70%~80%，人均水资源匮乏。中心城区整体地形南高北低，高差五百多米，大部分地区雨水只有东北流向的小清河一处出口，这种地形和水系分布有利于南部高地势地区雨水向北汇集，同时也加大了北部地上河黄河南岸、小清河沿线地区的排水压力，低洼易涝点均集中于此。

2. 济南市海绵城市建设要求概述

《海绵城市建设技术指南》对我国近200个城市1983—2012年日降雨量统计分析，分别得到各城市年径流总量控制率及其对应的设计降雨量值关系。指南将我国大陆地区大致分为五个区，并给出了各区年径流总量控制率α的最低和最高限值，按照《海绵

城市建设技术指南》要求，济南市属于IV区（70%≤α≤85%），径流总量控制目标总控制率至少达到70%。着重控制高频率的中小级别的降雨为主。

济南市提出，海绵城市试点区域（城区中南部）年径流总量控制率应达到75%，对应控制设计降雨量27.7mm，全市年径流总量控制率达到70%，对应控制的设计降雨量23.2mm。实现促渗保泉、洪涝控制、资源回用、污染控制四大目标，建成具有自然积存、自然渗透、自然净化功能的海绵城市。

三、济南市排水（雨水）防涝专项规划中的措施

为达到径流总量总控制率70%的主要目标，济南市中心城区1 022km²范围内需要控制的年际雨水总量为2 371万m³，其中道路、居住、公建等建设用地内为900多万m³，任务十分艰巨。从理论上分析，绿地建设为下凹式，下沉高度100mm时可满足约3倍绿地的硬化面积控制率达标，成本低、可实施性强，将建设用地内的雨水均导入地块内的下凹绿地和城市级公园绿地中的下凹绿地是最佳的建设模式。

但实际上，出让地块内的绿地率新区按35%控

制、老区按30％控制只是指居住小区、且没有下凹的明确要求、地下也往往是连片地下车库、并无法下渗。公建、仓库、工业厂区往往硬化率能达到85％以上。地块外、济南市区有著名的"齐烟九点"、即九座著名小山头、还有千佛山、佛慧山等紧邻市区南部的群山脉、平面图上的大量绿地均为山体、最多只能满足23.2mm时山体少排放或零排放、高程上无法容纳周边建设用地的雨水汇入。因此、为海绵城市建设寻找一定的城市空间是排水防涝规划的一项重要任务。

济南市排水防涝专项规划中雨水资源化利用章节与海绵城市建设密切相关、其基本思路是"源头利用、面状推广、分类治理、重点改善、生态恢复、线状联通"。"源头利用、面状推广"即在整个城区系统推动雨洪综合生态利用建设、加强雨水源头的渗透、收集和利用。一方面开拓非传统水源的利用；另一方面削峰蓄谷、减轻排水系统压力和面源污染负荷。采用下凹式绿地、透水路面等技术、增加雨水入渗能力、提高雨水的综合利用规模。"分类治理、重点改善"即分类开展易涝区综合治理、对难点地区和节点进行重点改善、特别是小清河沿岸的低洼易涝地区、加强城市排涝能力。可建设雨水广场、平时是市民娱乐休闲的场所、暴雨来临时、变成一个防涝系统、雨量大时、从大水池中分流到沟渠、雨量小时、水又回流入大水池。"生态恢复、线状联通"即开展河道生态化恢复、与各支流河道的雨水利用网络有机联通。可在河道水面建坝蓄水、在河岸下设初雨蓄水池、将沿河排放口优先接入调蓄空间、雨停后将收集的水排入污水厂处理。不仅能实现面源污染控制、同时还可调控各系统排水能力、兼顾防汛排涝。在基本思路指导下、具体有以下几项措施：

1. 梳理贯通城市水系

济南的河道除黄河、小清河常年有水外、其余均为季节性冲沟、河道用地有些为集体所有、被占压、填埋时有发生。干枯的河道下雨时是存水、蓄水的良好空间、在对现状城市水系系统梳理基础上、划分各河道的规划汇水范围、分流域整治、采用打通断头河道、扩宽人为缩窄河段、拆除违章棚盖、根据需要在地势平坦地区新规划控制部

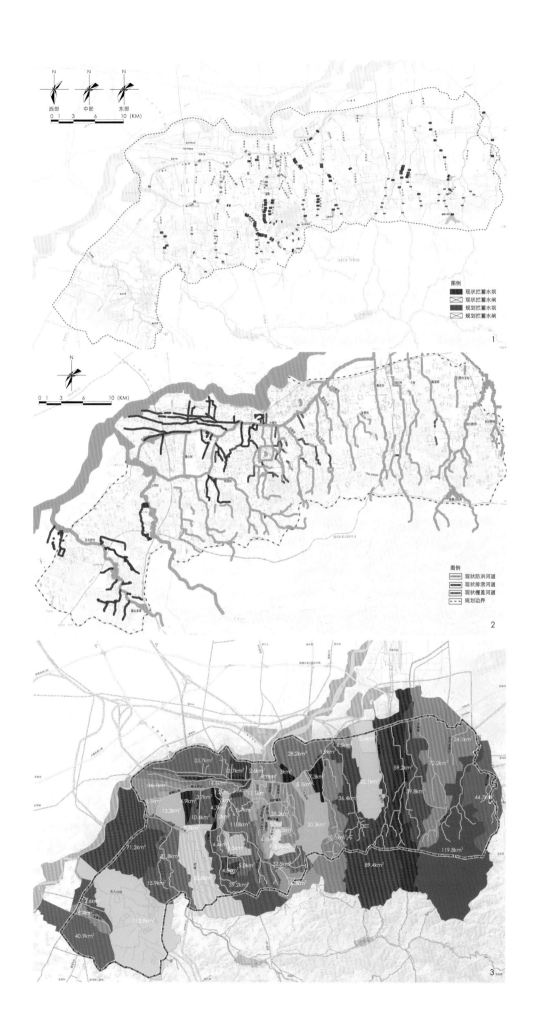

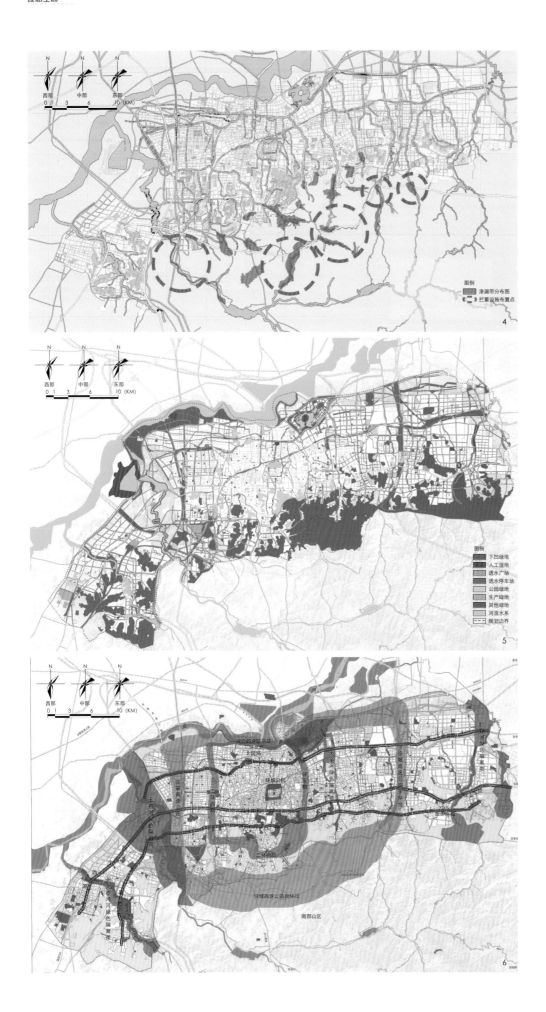

分河道等多种手段。为城市排水和海绵城市建设创造良好条件。

2. 河道资源化利用

(1) 规划原则

河道拦蓄。在适当位置设置人工或自动控制拦水坝。要按照自然汇流规律、纵断坡度、周边用地情况和济南强渗漏带分布来划分区段，以选择最佳的控制断面，在适宜位置修建不同规模的拦河坝，把下泻的雨水尽可能多地截流在现有的河道内。使得它们既是排水河，又是蓄水河和渗水河，改变现在只发挥排泄雨洪单一作用的现状，增加它们的功能，更好地发挥作用。

生态修复。进行河岸生态建设、改善景观、增加湿地，实现河道功能的多样化。采用工程治河和生物治河相结合，使其形成良性循环。

治理开发结合。结合河道水体两侧防护绿带，建设绿地、公园等公共休闲开放空间。

(2) 规划方案

济南市中心城内现有拦蓄水坝79处、拦蓄水闸19处。规划新增72处拦蓄水坝、6处拦蓄水闸。具体如下：

①泉域间接补给区

小清河支流多为季节性河道，长期无水，仅在汛期行洪，受上游坡降大的影响，洪水没有蓄积，短时间内流走，因此为增加雨水入渗补充地下水量，增加泉域补给量，该区域河段雨水利用应以修建低矮景观石坝、山涧谷坊的拦水设施为主。

规划在陡沟、大涧沟、十六里河、兴济河、广场东沟、全福河、中井洪沟、大辛河、小汉屿沟、韩仓河、刘公河、土河、杨家河、巨野河上游进行河道拓宽改造，采用自然生态河道的形式，并在河道内设置砌石拦水坝、谷坊等固定拦蓄水设施，既可以蓄积雨水补给地下水，又能够消减洪峰对下游河道行洪的影响。

②泉域直接补给区

经十路以北城区河段，结合济南市城区河道综合整治工程建设，在不影响河道行洪、排涝功能前提下，进行河道清淤，河道岸墙修复，河底两侧设置水生植物种植槽、生态袋、石笼等，改造现有河道毛石岸墙为软化驳岸，改造现有拦水坝，下游修建可调控蓄水量的钢坝闸或橡胶坝，中游修建固定低矮景观石坝等拦蓄水设施，实现河道梯级拦蓄雨水形成水景，增强河道观赏性，增大区域拦蓄水量，调节区域空气湿度，提高区域环境质量，改善区域生活质量。

规划在韩仓河、刘公河、土河、巨野河的大型公建河段进行河道环境综合整治；在世纪大道至济青铁路间适当位置修建可调控蓄水量的钢坝闸或橡胶坝，在世纪大道至经十路间修建固定大量低矮景观石坝等设施拦蓄雨水，形成景观水景，改善区域环境，提高雨水利用率。

3. 南部山区的截蓄和渗水

目前，南部泉域补给区水土流失较严重，土壤植被生态系统的蓄水保水能力较弱，对南部山区内的宜林荒山进行全面绿化，采取工程造林的方式，有目的、有计划退耕还林，加强林木管理，建设生态防护林。区内山多坡陡，通过植树造林及地表微地形的改变，如建设梯田、鱼鳞坑、水平阶等来增加地表土壤入渗能力，尽可能多的将降雨形成的地表径流蓄积起来。或者通过改变地形坡度，增加局部土层厚度，增加入渗的方法来集流就地回用。

4. 北部城区的海绵城市空间建设

在北部建成区域按照海绵城市要求，结合绿地系统建设，构建中心城"三环三横四纵"大型雨洪调蓄系统，有效利用雨水资源，营造良好生态环境。增加各类绿地面积，提高下凹式绿地比例，增加透水路面面积，建设人工湿地，加强小型雨水调蓄等措施。

（1）增加绿地率

城市绿地是高度城市化地区保持雨水的自然水文循环过程，减少城市雨水径流的最佳场所。绿地的合理建设，将促进城市绿地对雨水径流的调蓄利用。绿地既是一种汇水面，又是一种雨水的收集和截污措施，还是一种雨水的利用单元。

增加绿地率，减少城区不透水面积是建设海绵城市的重要内容。根据《济南市城市绿地系统规划（2010年—2020年）》，到2020年，济南市建成区绿化覆盖率、绿地率和人均公园绿地面积分别达到42%、37%和11m²。

新建居住区绿地率大于30%：一类居住用地绿地率大于45%；二类居住用地绿地率大于35%；三类居住用地绿地率大于30%。旧区改造绿地率大于25%。济南市新建、扩建、改建项目要按规划要求指标建设配套附属绿地，原有单位要做到见缝插绿，

提高环境绿化质量。

规划至2020年中心城各类绿地面积提高至373.66km²。其中公园绿地规划面积4 757hm²，生产绿地面积493hm²，附属绿地面积8 535hm²。

（2）提高下凹式绿地比例

集中下凹绿地主要可为市政道路路中和路侧绿化带，高压走廊防护绿带，街头绿地，公园绿地等。共规划下凹式绿地4.4km²，调蓄水量约99.4万m³，入渗水量2.2万m³。

（3）增加透水路面面积

渗透地面是指设计通过雨水渗透作用减少雨水径流的任何铺装表面。规划的渗透地面主要为总体规划中尚未建设或需要改造的地上停车场、广场等，多分布在二环西路以西和二环东路以东的新建城区。

共规划透水性停车场45处、透水性广场29处，新增透水总面积约1.97km²，可增加雨水入渗能力约1 700m³，增加雨水调蓄能力约7 000m³。

（4）建设人工湿地

人工湿地结合现有河道和规划绿地，沿小清河、南大沙河、大辛河、杨家河、玉符河等地势低洼处分布。共规划人工湿地9处，总面积约11.62km²，调蓄水量约247万m³。蓄水河段总长214.3km²，河道调蓄容积106.7万m³。

（5）加强小型雨水调蓄

新建工程硬化面积达2 000km²及以上的项目，应配建雨水调蓄设施，配建指标为每千平方米硬化面积配建调蓄容积不小于30m³的雨水调蓄设施。该项指标可增加调蓄水量约30万m³。

其他市政园林新增集中调蓄容积49.2万m³。

上述措施的综合作用可为达到年径流控制总量70%的主控制目标提供有力空间保障，为后续的各类海绵城市建设细部构造打下坚实基础。

四、结语

海绵城市概念的提出为城市排水防涝专项规划提出了新的更高的要求，排水专项规划的编制中，不仅要考虑传统的多少年一遇气候条件下快速排水，还要引入缓蓄等先进理念，最大限度地为城市留住雨水。海绵城市的新理念正在深入人心，在规划、施工等各个领域普及推广，但建成海绵城市，最终改善城市生态环境是一项长期而艰巨的工作，需要各个地区针对地方特点展开深入研究，充分调动规划、单体建设、市政道路建设、河道建设、园林与环卫管理等各政府部门和市民、民间社团等社会各界的积极性，共同理解共同努力才能做好。

参考文献

[1] 国务院. 关于加强城市基础设施建设的意见（国发〔2013〕36号）[Z]. 2014.

[2] GB 50014—2006（2014年版），室外排水设计规范[S].

[3] 住房和城乡建设部海绵城市建设技术指南[Z]. 2014.

作者简介

李 丁，济南市规划设计研究院市政交通所，工程师，注册规划师。

基于海绵城市理念的河流综合治理工程设计实践
——湖南张家界索溪河、上海崇明琵鹭河设计案例分析

Engineering Design of Rivers Comprehensive Regulation on the Concept of Sponge City
—Cases Analysis on Suoxi River of Zhangjiajie and Pilu River of Chongming

刘小梅 徐福军 吴维军
Liu Xiaomei Xu Fujun Wu Weijun

[摘 要] 城市河流作为海绵城市建设的重要载体，是保障海绵城市建设"渗、滞、蓄、净、用、排"各项措施发挥系统治理效益的重要基础。论文简述海绵城市建设理念及其河流治理目标，据此提出河流综合治理设计关键，聚焦多目标体系、河流水域保护、防洪排涝体系、河湖水系连通、河道生态修复、雨水调蓄设施建设等设计内容，并结合湖南张家界索溪河、上海崇明琵鹭河设计案例分析，详细阐述不同自然条件下城市河流水系的具体设计思路、方法及技术方案，实现集水安全、水环境、水资源、水生态一体的设计目标，充分发挥河流综合功能，使河流水系成为城市"自然积存、自然渗透、自然净化"的"蓝色海绵体"。

[关键词] 城市河流；海绵城市；综合治理；工程设计；雨洪调蓄；生态修复；污染治理

[Abstract] Urban River is important carrier to construction of sponge city, and important basement on ensuring comprehensive benefit of technology of permeating, retention, storage, purifying, utilization and drainage. The concept of sponge city and treatment targets of river are introduced in this paper, based on which the key points of design on rivers comprehensive regulation are proposed in detail, such as multi-goal system, protection of water, flood control and drainage system, connection of river and lake, river ecological restoration, storage of rainwater. The cases of Suoxi River and Pilu River are analyzed in the paper, on mentality of designing, methods and schemes under different natural conditions of mountainous area and plain area, for the realization of targets on safety, environment, resources, and ecology of water.

[Keywords] Urban River; Sponge City; Comprehensive Regulation; Engineering Design; Storage of Rain and Flood; Ecological Restoration; Pollution Control

[文章编号] 2016-72-P-050

1.琵鹭河综合治理平面布置示意图
2.索溪河河道总体平面布置图
3.张家界索溪河综合治理平面布置示意图

一、引言

近十年间，我国的城镇化水平快速提高，城镇化率从2004年的41.76%上升到2014年的54.77%，与之相伴的是城市发展面临的环境和资源问题日益凸显。有数据显示，目前全国600多座城市中有400多座缺水，110多座严重缺水。一方面城市水资源紧缺，另一方面城市内涝、水污染、水生态恶化等水安全问题频发。海绵城市建设是有效解决上述问题的重要举措，它以水为主线，以城市规划建设和管理为载体，构建城市良性水循环系统，增强城市水安全保障能力和水资源水环境承载能力。城市水系是城市生态环境的重要组成部分，也是城市径流雨水自然排放的重要通道、受纳体及调蓄空间，是保障海绵城市建设"渗、滞、蓄、净、用、排"各项措施发挥系统治理效益的重要基础。本文结合海绵城市建设理念及其河流治理目标，提出河流综合治理设计关键，聚焦多目标体系、河流水域保护、防洪排涝体系、河湖生态修

复、雨水调蓄设施等设计内容，并结合湖南张家界索溪河、上海崇明琵鹭河设计案例分析，详细阐述不同自然条件、河流特性下河湖水系的具体设计思路、方法及技术方案，实现集水安全、水环境、水资源、水生态一体的设计目标，充分发挥河流综合功能。

二、海绵城市建设理念及河流治理目标

海绵城市是以低影响开发建设模式为基础，以防洪排涝体系为支撑，充分发挥绿地、土壤、河湖水系等对雨水径流的自然积存、渗透、净化和缓释作用，实现城市雨水径流源头减排、分散蓄滞、缓释慢排和合理利用，使城市像海绵一样，能够减缓或降低自然灾害和环境变化影响，保护和改善水生态环境。

城市水系是城市径流雨水自然排放的重要通道、受纳体及调蓄空间，河湖综合治理是海绵城市建设水利工作的重要内容。根据水利部《关于推进海绵城市建设水利工作的指导意见》明确的工作总目标，

结合海绵城市建设评价指标，确定河湖水系综合治理目标围绕水安全、水环境、水资源和水生态四个方面展开，水安全主要实现城市防洪排涝标准，水环境实现径流污染控制，水资源实现径流收集回用的绿色循环模式，水生态实现改善河流生态系统提升河流自净能力，并协同海绵城市建设其他措施，共同构建自净自渗、蓄泄得当、排用结合的城市良性水循环系统，为促进城市水生态文明建设和城镇化健康发展提供基础支撑。

三、城市河流综合治理设计思路及关键内容

河流综合治理规划设计从海绵城市建设理念出发，抓住城市河流面临的关键问题，提出水安全、水环境、水资源和水生态四方面目标及主要任务，选择适用的"渗、滞、蓄、净、用、排"技术措施，提出解决方案，实现多目标控制、多专业协调，发挥河

流综合效益。为此，城市河流治理设计方案需体现水安全、水环境、水资源和水生态四位一体的综合治理特色，即水安全方面，完善城市防洪排涝体系，统筹调控流域上下游、城市建成区内外洪涝水，合理安排洪涝水出路，提高城市防洪排涝标准；水环境方面，加强城市河湖综合整治和水系连通，控制河流污染，实施水生态修复，改善城市生态环境；水生态方面，完善城市河湖生态调度，保障河湖生态用水，保护和修复水生态系统，推进城市河湖生态化治理，提升河流自净能力；水资源方面，加强雨水、再生水等水源利用，通过水资源调控，促进河流水体流动，提高城市水资源水环境承载力；最后，通过提高城市水管理能力，规范城市水资源管理和河湖水域管控，保障海绵城市综合效益的发挥。

总之，河流综合治理设计围绕上述重点内容开展，其关键点在于多目标体系制定，河流总体布局，防洪排涝体系完善，河流水生态治理与修复，雨水径流调蓄和承泄设施建设，水土保持，水景观建设，水量控制利用与科学管理等，其中河流水生态治理与修复是核心，包括水质水文条件、河流湖泊地貌学特征、生物物种恢复等三方面内容，主要采取控源截污、河流生态调度、河流生态化治理、生物物种恢复等治理措施。对于特定的河道，应具体分析其存在问题及受损程度，再根据河道所处的状态，因地制宜地选择合理、有效的治理方法。

四、张家界索溪河综合治理工程设计案例分析

1. 工程概况

索溪河综合治理工程位于湖南张家界武陵源区，自索溪水库大坝附近武陵源景区标志门开始至索溪土家族乡龟形洲结束，主河道总长13km。武陵源风景名胜区于1992年被联合国教科文组织列入了世界自然遗产名录，而穿越武陵源区的索溪河水环境状况较差，且防洪标准低，与河道周围和上游自然秀丽的峰林景观极不协调。

针对现状存在的问题，充分利用索溪峪得天独厚的自然条件优势及区位优势，通过河流生态调度、污染源控制及截污、河流生态化治理、生物物种恢复等措施，逐步恢复索溪河水生态系统，并在此基础上修建水景观工程和亲水平台，为当地居民和游客提供人水和谐的宜居环境。

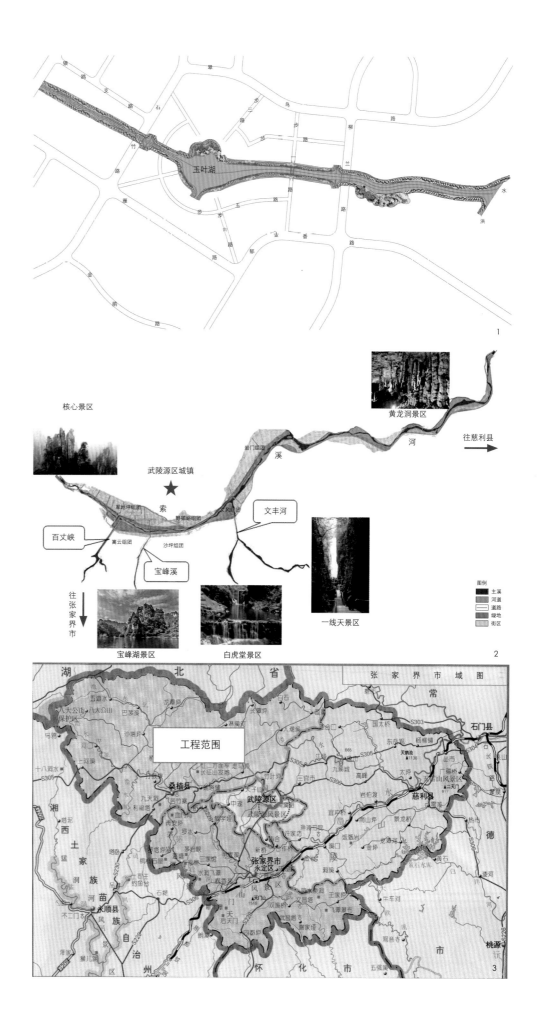

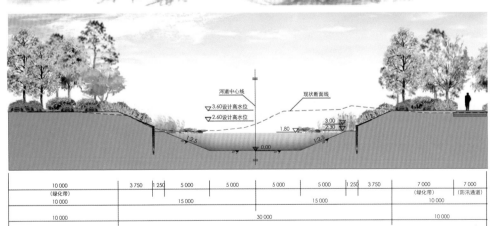

张家界索溪河综合治理工程（城区段：索溪大坝——喻家嘴桥）于2007年竣工完成，后本段由武陵源区政府主持水利景观工程建设，水利景观工程于2014年实施完成。

2. 河流生态调度与控源截污

河流生态调度主要通过水资源的合理配置维持河流最小生态需水量，通过河道内外污染源处理改善河流水质，提倡多目标水库生态调度，以恢复下游的生境。索溪河属山区性河流，河道坡降较大，河水暴涨暴落，水位水量随季节变化显著。非汛期，由于天然降水量小，索溪水库对径流的拦截，河道内水流很小，水位很低，甚至干枯，水生生物栖息场被严重毁坏，丧失生态及景观功能。因此，需采取措施保障索溪河生态环境需水。鉴于索溪水库工程任务以旅游为主，结合防洪、发电、养殖、灌溉等综合利用功能，根据生态需水量计算成果，结合水库的发电及旅游放水情况，综合确定在枯水期全天候下泄流量4~5m³/s，以满足生态需水要求，并保证索溪河最小生态水深0.5~1.0m左右。另外，通过两岸铺设截污干管、底泥疏浚等措施，消除内外污染源，以改善河道水质。

3. 河流生态化治理

河流生态化治理通过恢复河流的纵向连续性和横向联通性，保持河流纵向蜿蜒性和横向形态的多样性，采用多种生态型护坡，为生态修复创造基本环境。索溪河平面布置保持河流的蜿蜒性，恢复生态湿地、河湾、急流和浅滩。河道断面采用复式断面，枯水期水流归顺于主河槽，两侧河滩满足人们"近水、亲水"的要求。河道口宽50~107m，其中主槽宽度一般为8~10m，局部17~20m，深0.8~1.0m。通过河床挖掘和垫高的方式来实现浅滩和深槽，时宽时窄，时深时浅，因地制宜，变化自然，利用上游水库调度的水体川流不息，汇聚成时急时缓的山间小溪景观。游客可以涉水游玩，同时附近居民长久以来借助山间小溪小聚并清洗家用物品，形成独特的地方文化和民族风情。沿河设置3道生态挡水坝，最大设计落差不超过1.5m，以满足鱼类上溯的需要。在保证护岸结构安全的前提下，河道护岸采用斜坡式生态型护岸，包括混凝土格埂加干砌石护坡、块石垒砌斜式挡墙、生态石笼植草护坡、环保绿

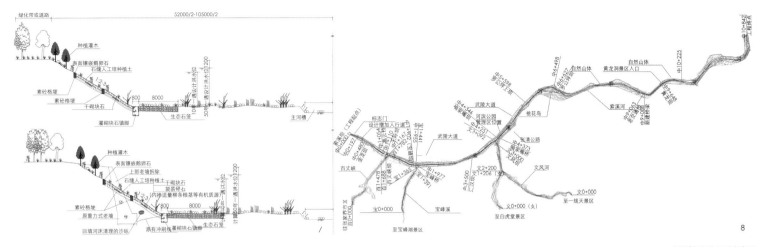

化混凝土护坡等，并以防冲及生态效果好的混凝土格埂加干砌石护坡护岸为主，改变了原直立墙生硬的视觉效果，从而改变原游客"凭岸观河"的尴尬，取而代之的是"下河拾野"的闲趣。

4. 生物物种恢复

生物物种的恢复主要包括保护濒危、珍稀、特有生物物种，恢复河湖水陆交错带植被以及水生生物资源，以恢复水生生态系统的功能。索溪河通过种植水生植物及为水生动物营造栖息环境，吸引上下游河流中的各类水生生物，修复索溪河水中的生物链，达到丰富水体和净化水质的目标。宽窄深浅不一的主河槽和挡水坝（或拦沙坝）、潜坝的设置，即为恢复微生物、水生物的生态环境，而适合该工程水位变化的水生植物主要品种有：鸢尾、香蒲、水葱、黄菖蒲等，微生物及小型水生动物为自然恢复。边坡绿化工程是边坡保护和绿化工程的有机结合，适合该地区主要培植的草种，其目的一方面是减缓雨洪水冲刷和涵养下渗径流，保护边坡预应抑制塌坡，防止水土流失；另一方面保护生态环境，驻留微生物和小型动物群，并使整条河道形成绿色植被景观。

5. 小结

索溪河综合治理工程基于海绵城市建设要求，运用河流生态修复设计理念，通过对河流全面的工程治理和下垫面改善，营造了自然多样的生态环境，尽最大可能实现了枯季水生态环境自我平衡和良性循环，同时洪季河流防洪保稳，更利于洪枯交替时水生态环境能自我修缮和恢复，实现海绵城市的真正内涵，其短期效益和长期效益也能相辅共存。

五、崇明陈家镇琵鹭河工程设计案例分析

1. 工程概况

该工程位于上海崇明陈家镇实验生态社区，河道全长1 949.14m，其中玉叶湖~涨水洪河段为新开河道，长约1 100m，现状为农田和泥沟。现有老琵鹭河穿过，河底高程为1.7m，河道口宽10m~18m，整个地块地面高程3.1m~3.5m。现有河道岸坡坍塌严重，东侧琵鹭河还没有沟通，影响护岸防洪功能发挥；同时，河道淤积严重，影响河道的蓄泄能力；河道内水体浑浊，对水环境及生态系统造成不利影响。针对上述问题，琵鹭河综合治理采取水域保护、水系连通、水生态修复、增设湖泊湿地等措施，实现以玉叶湖为中心，沟通社区周边骨干河道，提高防洪排涝能力，改善社区生态环境的治理目标。

2. 河道综合治理目标

该工程综合治理目标主要为保障区域防汛安全，改善河流水质，既满足河流的本身功能要求，又满足景观、生态功能及多功能开发的要求。

3. 河流总体布局

琵鹭河处于崇明陈家镇生态社区的核心地带，生态景观要求较高，河道设计在河流生态学理论基础上，按照海绵城市建设理念，在满足河道防洪除涝标准的前提下，将河道设计成多自然型生态河道。总体设计思路，一是保护和恢复河流形态的多样性，平面上尽量保持河流蜿蜒形态，沟通现有水系，因地制宜创造湿地、人工岛，断面尽量采用复式断面；二是河道整治工程为植物生长和动物栖息创造条件，重点在

陆域坡岸生态建设，水陆交错带生态建设，河道水域生态系统建设；三是充分利用生态系统自我修复和自我净化功能；四是营造一种人与自然亲近的环境，保留河道天然的美学价值。

河道的平面布局总体上沿原河道走向，线型蜿蜒曲折优美，体现生态自然，同时河道断面满足行洪要求，局部区域适当布置湖泊（面积3.34万m²）和生态湿地（面积0.5万m²），确定河口边线及管理范围，在水体中种植对污染物吸收能力强、耐受性好的植物，应用植物的生物吸收及根区修复机理（植物—微生物的联合作用）从环境中去除污染物或将污染物予以固定，从而实现修复水体的目的。

4. 河道生态修复设计

（1）河道生境改造

河道生境改造主要是营造适宜水生生物生长的生境。通过对现有河道的疏拓及实地段河道的开挖，满足种植不同水生植物的适宜水深，并针对性地设置适合生物（微生物、鱼类、底栖生物等）生长的护岸结构（比如斜坡式鹅卵石大缓坡、混凝土空箱等），在河道一侧布置生态湿地形成适宜不同水生植物生长繁殖、水生动物生存连续而又富于变化的生境基底。

（2）河道生物多样性的构建

河道的生态建设在改善及优化的河道生境及护岸改造的基础上，构建较为完整的水生植物系统及滨湖的湿生及陆生乔灌草系统，形成一个完整有序、自然过渡的河道植被系统，包括滨岸带、护岸及河道主槽的生物配置及恢复。根据蓄水位变化选择适宜的水生及湿生植物，充分与周边城市景观相结合。挺水植物根据植株的种类及特点进行配置，沿常水位线由岸

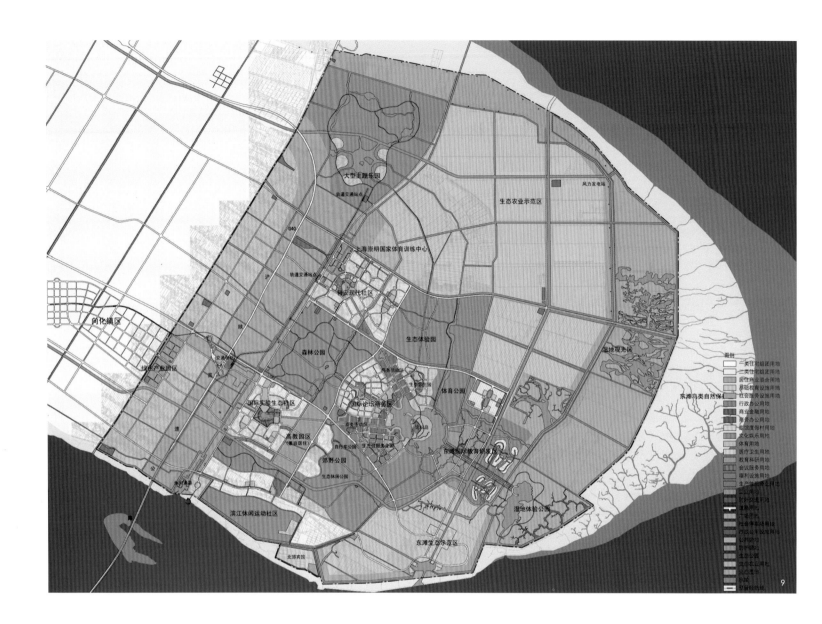

表1	琵鹭河综合治理指标表

准则层	指标层	
	指标名称	数值
社区防汛安全	除涝标准	20年一遇，24h不受涝
河道水质改善	溶解氧（mg/L）	≥3
	高锰酸盐指数（mg/L）	≤10
	五日生化需氧量（mg/L）	≤10
	氨氮（mg/L）	改善15%以上
	总磷（mg/L）	改善10%以上
	水体透明度	改善15%以上
生态系统健康	河道生态植被覆盖率	挺水植物占驳岸长度的8%~10%；浮叶植物面积达5%~10%；沉水植物增加10%~20%
	陆生植被恢复系数	河道管理范围内绿化率60%以上
	水生植物多样性	土著种类增加2~5种
	水生动物多样性	鱼类、底栖动物数量增加，多样性改善
生态景观适宜	陆域景观多样性	乔、灌木和花草搭配适宜，层次丰富，春景秋色，四季有绿
		挺水和浮叶植物搭配和谐，景观自然

表2	设计案例对比分析表

项目	索溪河	琵鹭河
河流类型	山区河流	平原河流
河流特性	河谷深切、河床狭窄、落差大、水流急湍、流速大，下切侵蚀力强、沿河床多巨大石砾堆积；水位水量随季节变化显著，洪水暴涨暴落，但一般洪水持续时间不长，降雨过后，恢复原来的低水细流	水流缓，水面宽，水不深，河床纵坡较为平缓，水面比降较小，流速不大，流态比较平稳，多河漫滩；水位随季节变化较小
方案特点	河道平面布局将山水田林湖统筹考虑，部分河段依山而行；河道断面设计充分考虑洪枯季水位变化，采用复式断面，内设主槽，枯水期水流归顺于主河槽，河滩用作休闲景观功能；汛期洪水漫滩，满足防洪要求；河道沿线设置挡水坝满足生态景观水位需要；河道护岸采用凝土格埂加干砌石护坡、块石垒砌斜式挡墙、生态石笼植草护坡、环保绿化混凝土护坡等防冲及生态效果好的护岸	利用现有河道，并新开河道连通周边水系，促进水体流动；河道断面设计充分考虑不同特征水位下满足多种水生植物生长所需水深要求；并利用河道周边低洼地，布设生态湿地，发挥湿地净化作用；河道护岸结合两岸用地功能选择植被等生态效果好的护坡

9.琵鹭河工程区位图
10.索溪河效果图

边向河内形成梯次，以形成良好的景观效果。水生植物可采用块状或带状混交方式配置，为使水岸线曲折变化有序，挺水植物带外再种植一些睡莲、大聚草或萍蓬草，使其水生植物林缘线有丰富的变化。另外，河道为开放式河道，水生动物放养以螺、河蚌等迁移较慢的底栖动物为主，摄食藻类，促使河水中悬浮物质絮凝，并利用食物链关系进行有效的回收和利用资源，取得水质净化和资源化、生态效果等综合效益。

（3）生态湿地

生态湿地布设于河道东段南侧岸边，湿地控制水深为20~40cm，属于表流人工湿地。污水从湿地基质表面流过时，通过植物根茎的拦截作用以及根茎上生成的生物膜的降解作用去除水中污染物。在河道中错落有致的安排一系列生态岛（岛I、岛II），不仅增加水生植物种植面积，还起到将河水分流，改变水流速度和方向的作用，使上游流下来含有污染物的水体更多的与水生植物接触，将水体中的污染物更好的固定、过滤、吸收，科学有效的利用植物修复水体的功能。在较宽的河道中通过生态岛的围合形成若干个宽阔的水面，水流速度较缓，可种植荷花、睡莲、王莲等植物，不仅景观效果好，并能在水流经过时充分发挥根系净化能力。

5. 景观绿化

在陈家镇琵鹭河生态河道景观设计中以"人文—生态—节能"为主旨，将生态设计与未来城市规划相联系，造景与弘扬地方文化紧密结合，对场地内有利用价值的生态景观元素进行改造、保护，最终成

为具有本土特色的滨河休闲带状绿地。

6. 设计案例对比分析

索溪河与琵鹭河分别为山区和平原河流，河湖综合治理方案须结合河流特性，有针对性地开展规划设计，具体方案特点如表2所列。

六、结语

城市河流作为海绵城市建设的重要载体，是保障海绵城市建设"渗、滞、蓄、净、用、排"各项措施发挥系统治理效益的重要基础，河流的综合治理将为解决城市化进程中日益凸显的水安全、水环境、水资源、水生态等方面的问题发挥重要作用。海绵城市建设途径主要包括生态系统的保护、恢复及低影响开发。河流治理设计应按照海绵城市建设理念，体现水安全、水环境、水资源、水生态四位一体的综合治理特色，聚焦多目标体系构建、河流水域范围划定、河湖水系连通、防洪排涝体系完善、河道生态修复、雨水调蓄设施建设等设计内容，从水系的整体性、多目标、多专业等角度进行综合分析和多方案比选，充分发挥河流综合功能，使河流成为城市"自然积存、自然渗透、自然净化"的"蓝色海绵体"。

参考文献

[1] 董哲仁，孙东亚，彭静. 河流生态修复理论技术及其应用[J]. 水利水电技术，2009（1）：5-9.

[2] 陈利顶，齐鑫，李芬，等. 城市化过程对河道系统的干扰与生态复原则和方法[J]. 生态学杂志，2010（4）：805-811.

[3] 赵进勇，孙东亚，董哲仁. 河流地貌多样性修复方法[J]. 水利水电技术，2007（2）：78-83.

[4] 莫琳，俞孔坚. 构建城市绿色海绵——生态雨洪调蓄系统规划研究[J]. 城市发展研究，2012（5）.

[5] 赵晶，李迪华. 城市化背景下的雨洪管理途径——基于低影响发展的视角[J]. 城市问题，2011（9）.

[5] 刘小梅，徐福军. 现代城市河道生态修复方法与实践[J]. 山西水利科技，2010（4）：71-72.

[6] 徐福军，刘小梅，肖志乔. 张家界索溪河生态修复与治理设计分析[J]. 上海水务，2006（2）：6-8.

作者简介

刘小梅，上海市水利工程设计研究院有限公司第一设计所，副总工程师兼所长，教授级高级工程师；

徐福军，上海市水利工程设计研究院有限公司第二设计所，主任工程师，高工；

吴维军，上海市水利工程设计研究院有限公司第一设计所，主任工程师，高工。

海绵城市建设构建城市内涝防治体系的途径探讨
——以厦门鼻子沟流域为例

The Discussion of the Construction the Urban Waterlogging Control System in the way of Sponge City
—Take Bizigou in Xiamen as Example

王宁
Wang Ning

[摘　要]　目前，全国范围内掀起了海绵城市的建设热潮。作为国家第一批海绵城市建设试点城市，如何在海绵城市建设过程中进一步构建城市内涝防治体系，是厦门当前亟待解决的主要问题之一。本文在解析鼻子沟流域城市内涝的特性及原因的基础上，系统评估排水防涝系统的现状排水能力，借鉴国内外先进理念和实践经验，结合海绵城市建设要求，着重探讨鼻子沟流域内涝防治体系构建的工程技术方案和投融资模式等基础问题，以期更清晰、更科学地指导后续规划设计和建设工作的推进，为海绵城市建设提供有效的技术支撑。

[关键词]　海绵城市；内涝防治体系；大排水系统；投融资模式

[Abstract]　At present, a growing trend of the Sponge City constructions was led in China. In the process of the Sponge City constructions in Xiamen, one of the first batch of pilot cities, the further constructions of waterlogging prevention and control systems was one of the major problems to be solved at present.Based on the analysis of the characteristics and reasons of waterlogging in Bizigou basin, the abilities of the waterlogging prevention and control systems were evaluated. Referred to domestic and foreign advanced theory and practical experience, the basic problems of the engineering technical scheme and investment and financing mode in the waterlogging prevention and control systems of the Bizigou basin was also emphatically discussed in the construction of the Sponge City. It was expected to guide the plan and design the construction more clearly and more scientifically, and to provide effective technical support for the constructions of Sponge City.

[Keywords]　Sponge City; Waterlogging Prevention and Control Systems; Major Drainage System; Investment and Financing Mode

[文章编号]　2016-72-P-056

一、引言

海绵城市是新时期城市建设的核心理念之一，是对传统城市建设模式、排水方式进行深刻反思的重要成果，其核心是低影响开发中的雨水管理。实施海绵城市建设已不再是工程建设的范畴，集中体现规划理念、工程技术、管理体系以及政府转变发展方式的具体要求。厦门作为国家第一批海绵城市建设试点城市之一，充分利用先行先试的政策优势，将在海绵城市建设过程中对规划建设管理制度、技术标准和法规的制定，投融资与经营管理模式的探索方面提供示范。

按照传统的城市开发建设方式，在厦门早期的城市建设时，填塘平沟、截弯取直、天然水道屡遭破坏；在城市排水防涝工程建设中，河道硬质化、渠道暗涵化，明沟"三面光"，造成渗、蓄、净能力降低。鼻子沟流域就是上述问题具有代表性的区域。鼻子沟流域位于厦门本岛湖里区北部，流域面积约为13km^2，是厦门本岛最大的排水干渠，全线

设计采用钢筋砼排水暗渠，断面由4.0×2.0m^{2}至4.2×3.0m^2，排水渠出口处低于平均高潮位，属于压力出流。近年来的暴雨期间，该流域的县后、围里等城中村和道路出现严重涝水现象，严重影响了该区域的正常生产生活和人民生命财产安全。

二、鼻子沟流域城市内涝的特性分析

1. 存在问题

鼻子沟流域受暴雨等极端天气影响，短历时降雨强度大；土地高强度开发引发鼻子沟流域地区地形地貌变化、改变了原有的自然排水体系、破坏了原来的水循环系统；同时该流域在城市建设中的自然水系、调蓄水体被侵占，缺少调蓄设施；上游山体汇水较快，下游城区地势平缓，沿海地势低洼，受海水顶托较为严重。

2. 计算方法

采用推理公式法计算设计涝水，采用有压长管水

力计算的能量方程进行管道水力计算，选取鼻子沟干渠4处断面：断面1——鼻子沟入海口处；断面2——环岛干道与鼻子沟交叉处；断面3——埭辽路与鼻子沟交叉处；断面4——祥远二路与鼻子沟交叉处。

3. 现状排水能力评估

计算断面1：组合1时，断面1—断面2间渠道过流能力为110m^3/s，可通过洪峰流量（46m^3/s）；组合2时，断面1—断面2间渠道过流能力为137m^3/s，略小于洪峰流量（139m^3/s）。计算断面1基本满足排涝需求。

计算断面2：组合1时，断面2—断面3间渠道过流能力为55m^3/s，可通过洪峰流量（45m^3/s）；组合2时，断面2—断面3间渠道过流能力为55m^3/s，小于洪峰流量（136m^3/s）。计算断面2不能顺利排水，不能满足排涝需求。在组合2条件下，断面2-断面3间汇水区域受阻水体约58万m^3；要顺畅排水，需增加81m^3/s的过流能力。

计算断面3：组合1时，断面3—断面4间渠道过

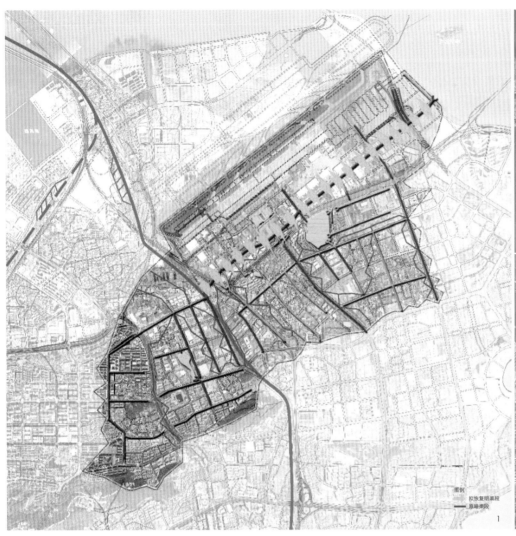

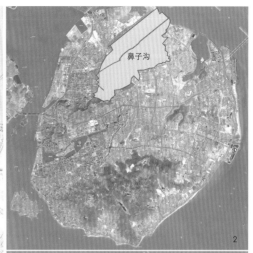

1.鼻子沟排水干渠的恢复与重建示意图
2.鼻子沟区位
3.鼻子沟现状图

表1　　鼻子沟各断面计算参数表

断面编号	鼻子沟		
	流域面积（km²）	河长（m）	比降（‰）
计算断面1	13.4	7 124	4.0
计算断面2	13.1	6 653	3.3
计算断面3	9.86	4 796	2.0
计算断面4	5.69	3 689	1.8

表2　　鼻子沟各计算断面洪峰流量表

重现期（年）	计算断面4	计算断面3	计算断面2	计算断面1
2	24	39	45	46
50	69	115	136	139

流能力为45m³/s，可通过洪峰流量（39m³/s）；组合2时，断面3—断面4间渠道过流能力为45m³/s，小于洪峰流量（115m³/s）。计算断面3不能顺利排水，不能满足排涝需求。在组合2条件下，断面3—断面4间汇水区域受阻水体约有37万m³；要顺畅排

水，需增加70m³/s的过流能力。

计算断面4：组合1时，断面4以上渠道过流能力为72m³/s，可通过洪峰流量（24m³/s）；组合2时，断面4以上渠道过流能力为72m³/s，略小于洪峰流量（69m³/s）。计算断面4基本满足排涝需求。

三、海绵城市建设改造需求分析

海绵城市建设是弥补过去城市建设的"欠账"，即改变城市粗放型的发展模式，通过对城市生态系统的恢复与重建，逐步恢复城市自然的"海绵"功能。

鼻子沟流域人口密度大，城市发展需求旺盛，但该流域现状低端产业密集，城市发展品质低，城市

排水防涝能力不足。本流域的海绵城市建设改造应结合机场搬迁、产业升级，根据需求适当开挖河湖沟渠，增加调蓄水体，重点解决本流域城市内涝问题；同时促进了雨水的积存、渗透和净化，开展雨水资源化利用，缓解水资源短缺；此外对传统城市建设模式下已经受到破坏的水体和其他自然环境运用生态的手段进行恢复和修复。

四、工程技术方案

1. 排水干渠的恢复与重建

近期为解决城市内涝问题，结合枋钟路东南侧街头绿地公园建设，沿枋钟路（翔远二路至埭辽水库段）西北侧防护绿带或人行道建设盖板渠，将城市涝

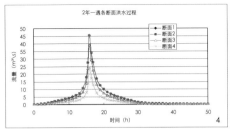

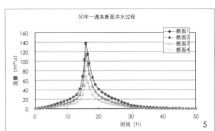

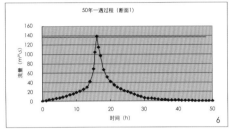

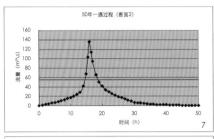

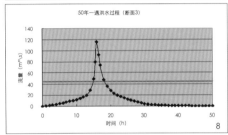

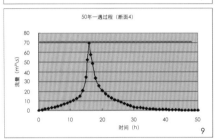

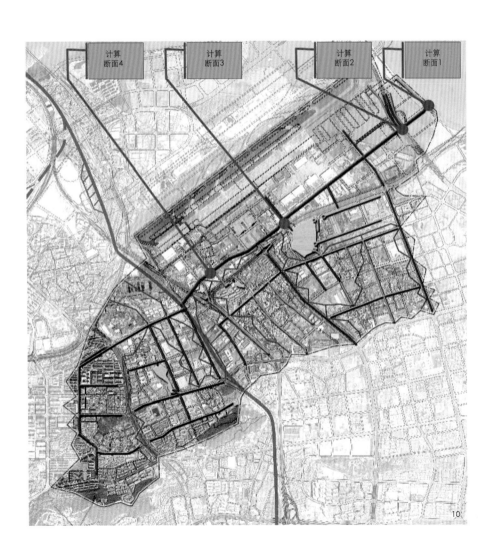

水引至埭辽水库；沿枋钟路（埭辽水库至东海域段）东南侧防护绿带建设下凹式绿地，将城市涝水引至东海域。

远期结合机场搬迁及周边地块提升，参考韩国青溪川等改造经验，对鼻子沟进行恢复重建明渠，同时对汇流区域内合流制进行分流改造，周边区域结合机场搬迁和产业升级，规划工业用地调整商业服务业用地。

2. 调蓄设施建设

流域内现状有新丰水库、埭辽水库和水利大厦旁边水体，本次方案将上述3处水体规划作为雨水调蓄水体，与鼻子沟排水渠连通，禁止擅自填埋、占用该水体。

3. 生态恢复措施建设

为了维持鼻子沟河段生态功能正常运转，必须给予一定的生态流量，维持河道规划断面和最小流速要求的生态流量为0.3m³/s。

（1）生态补水调度运行方式拟为

①平时以雨水作为补充水：利用河道本身水体调蓄，当汛期，天然径流量充足时，将收集到雨水储存，以作补水使用；

②特殊季节以尾水作为补充水：雨季雨水排入景观水体，蓄积至设计水位后，枯水季节补水利用污水厂回用水。

（2）景观水位控制

①通过沿河道、湿地设置闸、堰，以维持河道及湿地水生态系统的景观水深1.20 m；

②入海口规划建设景观闸坝，以维持河道景观水位；

③循环泵站工程：泵站初步选址于鼻子沟河段末端、景观闸坝之前，规模11 000m³/d，埋地式，配水管线DN400，总长5 600m。

河床修建建筑物可以改善河道内流态和流速，同时为流域中水生生境塑造有利，从河道防洪的实际情况考虑，大尺寸的河流才有修建栖息建筑的必要。鼻子沟河段河道可以采用通过河床抛石、设置石梁以及其他小型结构物改善水生生境。

五、投融资方案

海绵城市建设项目资金需求大，通过PPP模式来建设海绵城市，是政府转变职能的重要体现。本次鼻子沟流域海绵城市建设主要工程初步估算投资1亿元，为确保顺利筹集项目建设资金，与社会资本建立

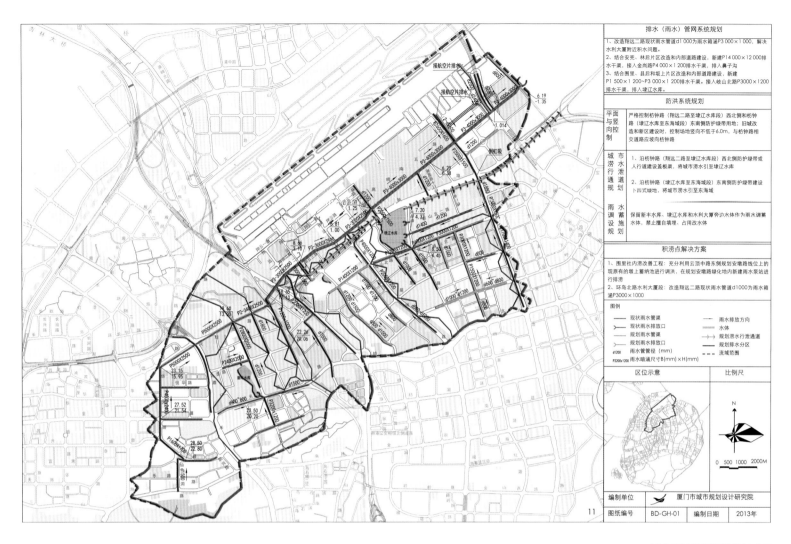

排水（雨水）管网系统规划

1、改造翔远二路现状雨水管道d1000为雨水箱涵P3 000×1000，解决水利大厦附近积水问题。
2、结合安克、林后片区改造和内部道路建设，新建P14 000×12 000排水干渠，接入金尚路P4 000×1 200排水干渠，排入鼻子沟。
3、结合围里、县后和坡片片区改造和内部道路建设，新建P1 500×1 200~P3 000×1 200排水干渠。接入岐山北路P3000×1200排水干渠，排入埭辽水库。

防洪系统规划

平面与竖向控制	严格控制枋钟路（翔远二路至埭辽水库段）西北侧和枋钟路（埭辽水库至东海域段）东南侧防护绿带用地；旧城改造和新区建设时，控制场地竖向不低于6.0m，与枋钟相交道路应衔接向枋钟路。
城市涝水泄通道规划	1、沿枋钟路（翔远二路至埭辽水库段）西北侧防护绿带或人行道建设盖板渠，将城市涝水引至埭辽水库。 2、沿枋钟路（埭辽水库至东海域段）东南侧防护绿带建设卜凹式绿地，将城市涝水引至东海域。
雨水调蓄设施规划	保留新丰水库、埭辽水库和水利大厦旁边水体作为雨水调蓄水体，禁止擅自填埋、占用改水体。

积涝点解决方案

1、围里社内涝改善工程：充分利用云顶中路东侧规划安墩路线位上的现预有的增纳蓄纳池进行调洪，在规划安墩路绿化地内新建雨水泵站进行排涝。
2、环岛北路水利大厦段：改造翔远二路现状雨水管道d1000为雨水箱涵P3000×1000

图例

— 现状雨水管渠	⟶ 雨水排放方向
⟶ 现状雨水排放口	▬ 水体
⟹ 规划雨水管渠	⟶ 规划涝水行泄通道
⟹ 规划雨水排放口	规划排水分区
d1200 雨水管管径（mm）	
P3200×1200 雨水暗涵尺寸B(mm)×H(mm)	---- 流域范围

| 区位示意 | 比例尺 |

0 500 1000 2000M

编制单位　厦门市城市规划设计研究院

| 图纸编号 | BD-GH-01 | 编制日期 | 2013年 |

4-5.鼻子沟各计算断面洪水过程线图
6-9.鼻子沟50年一遇过程线图
10.鼻子沟计算断面选取示意图
11.鼻子沟流域规划图

公平、合理、明确的合作机制，不断完善政府付费及补贴制度，PPP投融资方案设计如下所述。

1. 运作方式

通过招投标的方式确定社会资本出资人，初步确定由政府出资2 000万元、社会资本出资8 000万元，共同组成项目公司。PPP项目公司成立后通过资产运营公司与济南市政府签署特许权经营协议，特许经营期为20年。负责鼻子沟绿线范围内相关资产建设和经营。项目公司投资各方按出资比例获得收益。

政府在海绵城市项目建设过程中完成市政资产项目立项和土地所有权证确权工作。PPP项目经营期满后，由资产运营公司按原价格收回全部资产。

2. 收入来源

设置灯箱、道旗、多功能高杆灯进行广告经营。利用工程建设的景观设施，以及建成后汇集的人气，在鼻子沟河道沿河栈道设立灯箱广告位，在繁华地段建设具备城市照明、4G信号发射、广告经营多种功能的单立柱，进行广告经营。

结合沿线建设的商业旅游等特色景观节点，建设报亭、商铺、健身娱乐等便民服务设施，为市民提供休闲场所。

新丰水库、埭辽水库和水利大厦旁边水体等雨水蓄水在满足鼻子沟河道景观需求的同时，为周边区域及沿线公园、绿地、城市管理等多用途用水提供了低价水源，提高了城市雨水的利用率。

3. 预期收益

（1）经营收益

①广告经营

每年可实现经营收入约为120万元；

②管理用房租赁经营

每年可实现经营收入约63万元；

③雨水利用

在筑坝位置设置提水泵抽取河水，提供绿化、道路清洒用水，为周边小区提供绿化及景观用水，每年可实现经营收入约50万元。

（2）政府补贴

通过政府向PPP公司支付固定酬金的形式给予补贴，每年约1 450万元。政府补贴每年列入财政预算。

综合以上测算，每年可实现收入约1 683万元。

4. 项目成本估算与财务分析

项目主要运营成本约95万元，包括：

（1）维持运营投资50万元；

（2）流动资金30万元；

（3）经营费用等暂按运营收入的10%测算，约16.3万元。

项目财务分析：

（1）项目基准收益率暂按7.5%测算；

（2）项目计算期限22年，其中建设期2年，运营期按20年测算；

（3）财务分析主要指标：项目内部收益率IRR=7.59%，财务净现值NPV=102万元，投资回收期n=11.79年。

六、结语

海绵城市建设是解决城市内涝问题的重要途径，无论是工程建设理念与技术方面，还是在投融资模式制度创新方面，都对构建城市内涝防治体系提出了新的途径。在今后的城市发展转型和重构中，结合旧城区的改造，融入海绵城市的规划理念和措施，并采用科学合理的工程方案和投融资模式，将有利于解决城市内涝问题。

参考文献

[1] 住房城乡建设部. 海绵城市建设技术指南——低影响开发雨水系统构建（试行）[Z]. 2014.

[2] 章卫军, 王虹. 海绵城市理念的专业理解之探讨[C]. 第五届2015年城市雨水管理国际研讨会, 2015: 1 – 12.

[3] 王宁, 吴连丰. 海绵城市建设实施方案编制实践与思考[C]. 第五届2015年城市雨水管理国际研讨会, 2015: 23 – 32.

[4] 王宁, 吴连丰. 城市规划实施过程中内涝防治体系的缺失与重建——以厦门西坑水库流域为例[C]. 第二届中国城乡规划实施学术研讨会, 2014.

作者简介

王 宁, 厦门市城市规划设计研究院市政设计所, 工程师。

12-16.鼻子沟建设意向图
17-18.鼻子沟排水干渠的恢复与重建意向图

从绿色基础设施到绿道
——以永靖县沿黄河（太极岛段）城市绿道景观设计为例

From Green Infrastructure to Greenway Construction
—A Study on Greenway Landscape Design in Yellow River Wetland of Yongjing (Taiji Island District)

张金波 司珊珊 唐 曌 杜 爽
Zhang Jinbo Si Shanshan Tang Zhao Du Shuang

[摘　要]　欧盟（EU）在《2020生态多样性策略》（Biodiversity Strategy to 2020）中，将绿色基础设施（GI）定义"为被策略地规划过的自然或半自然区域的网络，经设计或维持以促进生态系统服务的传递"。绿道是一种具有多重功能的土地线性系统，它的功能包括自然保护、生物多样性管理、水资源和土壤资源的保护、休闲娱乐、交通运输及文化历史资源的保护。绿道虽起源于美国，但如今却风靡全球，本文以永靖县沿黄河城市绿道景观工程为案例，通过永靖县沿黄河城市绿道景观工程对生态敏感的黄河滨水绿廊进行生态修复和环境提升，并结合场地及周边资源特色打造一条具有绿色交通、科普教育、运动休闲、城市文化展示、农业生产体验的城市生态绿廊。

[关键词]　绿色基础设施；绿道；生态修复；景观设计

[Abstract]　The European Union defines the green infrastructure as strategically planned natural or semi-natural area network, which is designed or maintained in order to promote the delivery of ecosystem services in Biodiversity Strategy to 2020. The greenway is a kind of land linear system with multiple functions which includes natural protection, biodiversity management, protection of water and soil resources, leisure entertainment, transportation and the protection of the cultural and historical resources. Greenway originated in the United States, but it sweeps around the world nowadays. It states the ecological restoration and environmental improvement of ecologically sensitive Yellow River waterfront green corridors,via the landscape engineering of Yellow River greenway along Yongqing in this paper. Combined with the site and the surrounding resources characteristicsof the surrounding resources, it is to build an urban ecological corridor with the function of green transportation, science popularization education, sports leisure, urban culture exhibition, and agricultural production experience.

[Keywords]　Green Infrastructure; Greenway; Ecological Restoration; Landscape Design

[文章编号]　2016-72-P-062

1.区位分析图
2.基地范围图
3-5.基地现状资源图

一、前言

目前，国外绿道建设已趋于成熟，国内无论是对绿道的规划实践，还是对绿道理论的研究都有快速的发展，并且在其他发展中国家也陆续开展了绿道的规划和建设。有专门为观赏娱乐而建的风景道；有为了保护生物栖息地而建的生物通行廊道；有为了满足人类安全通行而建的人行道和自行车道。绿道的功能和形式都趋向多元化、复合型发展，甚至形成网络、系统，为城市经济的可持续发展构建了良好的生态环境框架。

二、城市背景

永靖县位于临夏州北部，紧邻甘肃省省会兰州市，距离兰州市仅1个小时车程。兰州市在西北五省省会城市中"座中四连"，与周边省区有着紧密的经济文化联系，与黄河上游地区的经济协作极为密切。以兰州为中心的大西北经济圈，将在西部大开发中发挥"承东启西"，"联南济北"的辐射和带动作用。永靖县是国家对外开放的第一批县份之一，已被纳入陇海兰新线经济带甘肃段开发规划和兰白经济区。

境内公路、水路、铁路齐全，国道109线、213线、309线穿境而过，县城刘家峡距兰州市西固区44km，距中川机场117km，距西宁市210km，距临夏市89km，贴近欧亚大陆桥，是古丝绸之路的主要通道，已被纳入陇海兰新线经济带甘肃段开发规划和兰州市1小时都市经济圈。

黄河流经永靖县域107km，两岸山势险峻，风景独特。大自然奇迹般地造就了炳灵峡、刘家峡、盐锅峡三大峡谷，通称"黄河三峡"。由于景观雄浑美，生态环境优良，2000年5月被甘肃省政府批准为省级风景名胜区。黄河三峡风景名胜区共三十余个景点，著名的有炳灵峡、刘家峡、盐锅峡三大峡谷，刘家峡、盐锅峡、八盘峡三座水力发电站的建设形成了罕见的"高峡平湖"，石林状丹霞地貌，恐龙足印化石，龙汇山，太极湖，太极岛和吧咪山原始森林。

永靖县整体规划形成"一心一廊，西环东带，三区四组团"的空间结构。黄河穿城而过，是永靖城市发展和环境建设的重要廊道，是城市开放空间的最主要元素，城市形象展示的窗口。

三、项目概况

1. 项目位置

该项目位于甘肃省永靖县西南，黄河北侧，紧邻城市。属于沿黄河城市段绿廊。是未来太极岛旅游度假小镇的门户区。

2. 设计范围

永靖沿黄河绿道东起永靖黄河大桥，西至牛鼻子拐，北至现状用地，南至黄河沿岸，设计面积约112hm²，场地由东至西全长约7.18km，宽40m至250m。

3. 场地现状

场地濒临黄河，地势平坦，自然资源优越。现状多为滩涂、鱼塘、农田和枣林。由于兰刘快速路的建设，杂草丛生。生态极度破坏，生物多样性严重卜降。因此，对现状资源的保护、生态环境的修复是方案设计最核心的价值。

四、设计目标与定位

1. 设计目标

本次项目作为太极岛片区的首发项目，承载该片区的休闲旅游，绿色交通的主要功能。是未来永靖县及周边城市居民休闲游憩的目的地。依托太极岛生态核心资源、展示城市风情，以太极岛风貌为核心，打造以生态、休闲、运动、低碳为主题的城市风情展示带。

2. 设计定位

（1）黄河太极岛湿地公园的首发项目；
（2）以公园标准打造的城市景观绿道；
（3）造福永靖县百姓的民生工程；
（4）推动永靖县旅游产业发展的绿色发动机；
（5）提升古城新区人气的关键之举；
（6）恢复因快速通道修建而破坏的生态环境。

五、总体规划设计

1. 设计理念

方案设计在尊重场地现状的基础上运用生态修复对场地内被破坏的生态环境进行生态修复。对场地良好的自然资源进行保护利用，并对湿地、枣林和农田等自然景观深度挖掘，打造永靖县沿黄河休闲风光带。休闲绿道贯穿全园，串联永靖五个主题公园。

2. 生态修复

通过对场地的设计形成以雨水收集利用为主的红岩揽胜、彩舟竞渡、落日广场、牛鼻子拐

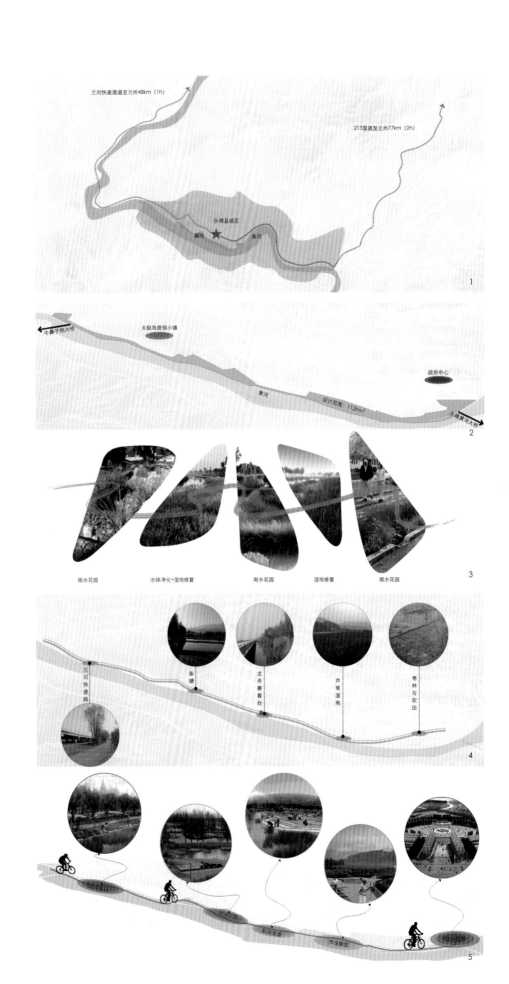

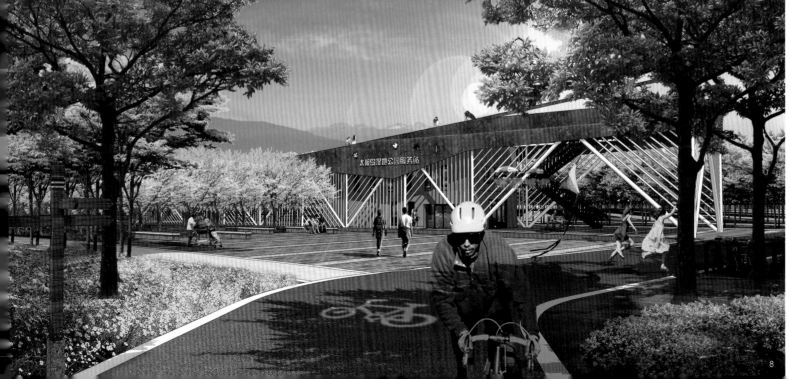

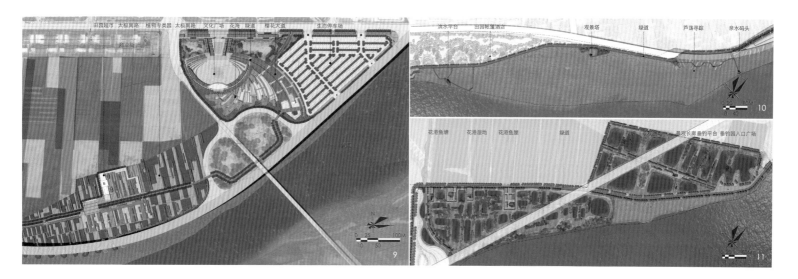

驿站和兰刘快速路沿线的五个雨水花园；以植被修复为主的芦荡飘雪片区；以水体净化为主的荷港颐趣。

3. 公共服务

通过绿道驿站进行全线的综合服务，并通过无线信号覆盖实现绿道的智慧管理、智慧解说和智慧运营。

4. 规划结构与布局

滨河景观绿道通过规划形成"一廊"、"五园"的总体空间布局。

"一廊"——绿色长廊：依托设计绿道形成的沿黄河景观风光带。绿道设计设计依据海绵城市技术指南形成具有渗透效果的慢行道。路面采用不同色彩的沥青进行铺装，形成红色、绿色、黄色、蓝色、橙色五大分段增强绿道的体验感。

"五园"基于现状资源特色，将绿道全线划分为五个不同主题的体验园，分别是红岩揽胜、芦荡飘雪、彩舟竞渡、荷港颐趣、长河落日。

红岩揽胜：以绿道综合驿站为核心的城市休闲、形象展示区；

芦荡飘雪：以候鸟保护为核心的滨黄河生态湿地科普教育区；

彩舟竞渡：以龙舟赛为核心的黄河水上运动休闲区；

荷港颐趣：以太极岛部分鱼塘改造为核心的生态休闲体验区；

长河落日：以黄河自然资源为核心的休闲体验区。

六、分区详细设计

1. 红岩揽胜

该区紧邻城市公共服务中心和永靖黄河大桥，是城市轴线的尽端，用地面积约29hm²。场地现状为大面积的农田和枣林。设计保留场地具有百年历史的枣林，将该园分城市庆典广场、生态停车场、植物专类园和田园集市四个功能分区。打造城市综合公园和绿道的综合驿站。

2. 芦荡飘雪

该区现状是大面积滨水芦苇湿地，面积约35hm²。自然风光优美壮观，由于兰刘快速路的开发建设生态环境破坏。设计最大限度的对原有湿地修复保护。最小干预最大参与的复合栈道形成湿地区内的一条景观活动长廊。景观塔的设计最大限度的控制对生境的破坏和对生物的干扰。通过生态湿地修复与活动场地的设计形成以鸟类保护，鸟类科普教育为主题的生态科普基地。

3. 彩舟竞渡

该区设计面积约3.6hm²。现状为黄河码头和龙舟赛事水上平台，设计重点打造以黄河水上运动为主的运动休闲区，通过对黄河码头的景观打造，提供亲水和公共服务中心。并对水上平台改造升级，打造景观平台和赛事观演平台。沿绿道一侧设置度假设施，通过景观界面改造形成连续的景观绿道形象界面。

4. 荷港颐趣

该区现状为低利用鱼塘，水体污染严重。面积约21hm²。设计对绿道北侧鱼塘改造，打通现状独立单元的水体形成连续的水系，通过风车发电引黄河水形成整个园区的活水系统。设计后的绿地形成半岛和岛的模式，增加边缘效应。并通过湿生植被进行水体净化。环境的提升打造千人垂钓园。南侧鱼塘通过湿地恢复打造花港湿地，兼有渔业生产的功能。全园以生态改造和环境打造为主，形成园区的活水公园。

5. 长河落日

该区场地狭长，沿兰刘快速路造成湿地的破坏，杂草丛生。长约2.6km，面积约25hm²。绿道选线是全线绿道中最亲水的一段，也是骑行视线最开阔的一段，沿线设计湿地泡泡进行雨水收集，并通过生态草沟进行联系，形成线性的雨水花园带、并通过野花组合及亲水大平台形成滨水效果极好的百花长廊。落日广场是该组团的核心体验广场，占地面积约4 000m²，利用原有空地依水而建，亲水观景平台和

延伸入水的台阶是领略黄河落日、太极夕照美景的最佳场所。牛鼻子拐驿站广场是本次滨河绿道建设的终点站，广场上设计滨水码头、自行车租赁、休息空间等功能设施，站在码头，可领略秀美黄河经过牛鼻子拐时急转弯的壮丽场景。

七、结束语

绿道作为城市绿色基础设施的重要组成部分，是城市休闲游憩、运动休闲、生物保护、旅游观光和文化保护的重要载体。本次沿黄河绿道建设工程的实施对永靖县城市绿道建设和低影响开发建设必将起到积极的示范作用。

作者简介

张金波，上海同济城市规划设计研究院，景观规划设计师；

司珊珊，南京林业大学，景观设计师；

唐塑，湖北美术学院，景观设计师；

杜爽，同济大学建筑与城市规划学院，博士研究生。

12.彩舟竞渡效果图
13.荷港颐趣效果图
14.芦荡飘雪效果图
15.彩舟竞渡效果图

城市景观水体的生态系统构建
——以蜀峰湖为例

Research on Aquatic Ecosystem Construction of Urban Landscape Waters
—A Case Study of Shufeng Lake

李 堃　司马小峰
Li Kun Si Ma Xiaofeng

[摘　要]　城市景观水体是海绵城市建设的重要节点，注重景观水体的生态系统构建，提高其自净能力是海绵城市建设的重要途径。本文以合肥市蜀峰湖为研究对象，对湿地生态系统构建前后湖体水质进行比较，结果表明，湿地生态系统构建方法与水质调控工艺对湖体水质改善效果明显，给海绵城市建设提供一定的参考，具有良好的应用前景。

[关键词]　景观水体；水生态系统；海绵城市

[Abstract]　As an important node of sponge city construction, the construction of aquatic ecosystem and improve the self-purification capacity of urban landscape waters are effective way to construction of sponge city. In this paper, the water quality of Shufeng Lake before and after the construction of wetland ecosystem were investigated. Results indicated that the method of wetland ecosystem construction and the water quality control technology can improve the water quality of Shufeng Lake obviously, which provides reference for construction of sponge city and showing a good application prospect.

[Keywords]　Landscape Waters; Aquatic Ecosystem; Sponge City

[文章编号]　2016-72-P-067

海绵城市建设本质是通过控制雨水径流，恢复城市原始的水文生态特征，使其地表径流尽可能达到开发前的自然状态，即恢复"海绵体"，从而实现修复水生态、改善水环境、涵养水资源、提高水安全、复兴水文化的五位一体的目标。通过人工和自然的结合、生态措施和工程措施的结合、地上和地下的结合，既解决城市内涝和水体黑臭的问题，又可以调节微气候、改善人居环境。

城市景观水体无疑是海绵城市建设的重要节点。健康的城市景观水体可以保证城市生态空间，涵养水源、净化水质、调节城市小气候、减少城市热岛效应；同时，也为生物特别是水生动植物提供栖息地，恢复城市的生物多样性，营造生态、优美的景观环境。

城市景观水体大多为浅水封闭性水体，更易受到外界干扰，水质更易受到污染。目前许多城市的景观水体黑臭、蓝藻频发，水生生态系统遭受到不同程度的破坏，严重影响了城市水生态环境和市民休闲生活质量。随着城市生态环境的不断改进，排污口的改道、废水的处理，相关环保部门的管理和协调等，一些景观水体的水质得到一定程度的改善，但要实现城市景观水体在海绵城市建设中"渗、滞、蓄、净、用、排"的工程技术措施作用，注重景观水体的水生态系统构建，提高其自净能力无疑是重要的途径。

本文以合肥市的蜀峰湖为例介绍城市景观水体的生态系统构建。

一、合肥市初期雨水污染

目前国内外城市大多存在初期雨水污染严重、排涝能力低等问题，合肥市城区的初期雨水也不可避免地成为了重要问题。根据阮大康等在南淝河沿岸的调查结果显示，合肥市地表径流浓度变化较大，径流中的SS、TP主要来自被冲刷的沉积物，降雨强度越大则被冲刷的沉积物越多；而NH3-N和TN主要来自旱流污水，暴雨时受到稀释。

张显忠等对合肥市老初期雨水产生过程及其特性进行了分析，根据表2结果，可以发现合肥市径流雨水具有如下特点：①初期雨水污染物浓度高，污染严重，部分污染指标明显高于旱流污水浓度；②部分指标存在一定的初期效应，初期30min出流时间属于高浓度的时间范围

二、项目概况

蜀峰湖位于合肥市玉兰大道以东、香樟大道以西，起源于大蜀山山麓溪流，地下与新加坡花园城水体相连，终端汇集至董铺水库。以黄山路桥为界，蜀峰湖分为南北两湖，两湖因水位的差别，仅在丰水期有水流交换（南湖流入北湖），两湖水体在全年大部分时间均为独立水体。其中北湖水域面积约144亩（按95 833m²计算），湖水深度约1~3m。水系驳岸大多为自然式驳岸，驳岸较为整齐。湖周边主要为集中式生活小区，周边无工业企业，构成水体的污染主要来自道路雨水冲刷污染。

蜀峰湖总面积约64万m²计算，其中20万m²为水面，范围内多年平均降雨量为1 000mm，非水面处径流系数取0.85，多年平均径流量为57.4万m³，多年平均流量为0.018m³/s。

根据蜀峰湖生态修复工程可行性研究报告中水质和底泥监测数据（表3和表4），可以看出，蜀峰湖水质工程实施前水质处于劣Ⅴ类，且底泥中总氮、总磷、氨氮含量均较高。

岸边间歇种植了水生植物带，包括芦苇、香蒲、菱角等，湖底沉水植物量少且品种单一。湖中水生动植物生物量明显不足。每年进入5月份以后，随气温升高，水生动植物生命代谢活动加快，菹草（冬春季型沉水植物）腐烂沉积水底，加重底泥负担，常年纳入的污染物质没有得到有效净化，加上适宜温度、光照，导致蓝藻暴发频繁。

三、工程目标

消除大面积蓝藻现象，水生态系统稳定，具有一定抵御外界污染的能力；水质透明度1.2m以上；

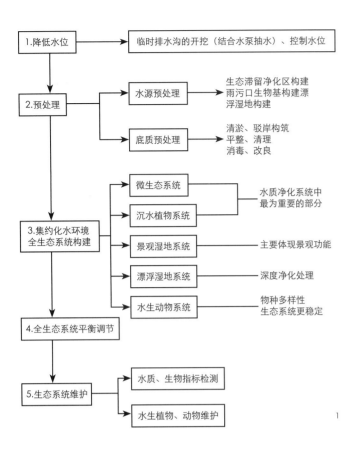

1

表1　D村冲沟不同降雨事件出流污染物的浓度均值及降雨特征

项目	降雨场次							均值
	1	2	3	4	5	6	7	
SS	550	613	1 764	727	267	437	502	694
COD	319	250	571	176	139	260	214	276
NH3-N	12.8	12.3	7.8	7.4	9.3	12.7	7.1	9.9
TN	23.2	19	14.8	9.3	13.6	19.8	11.2	15.8
TP	4.5	3.9	7.8	4.5	2.4	4.7	2.3	4.3

表2　合肥市老城区不同类型排水系统雨天出流的事件平均浓度平均值

系统类型	SS (mg/L)	COD (mg/L)	TP (mg/L)	NH3-N (mg/L)	TN (mg/L)
合流制系统	554	343	3.9	10.6	19.6
城中村冲沟	513	268	3.9	10.9	18.0
混接分流制	302	163	2.5	10.6	15.1

表3　蜀峰湖北湖水质现状（单位mg/L）

指标	2011.11	2012.3	2012.4	2012.5	2012.6	2012.8	2012.10	2012.11	2013.4
CODCr	42.4	171		50.16		30.7	70.8	38.5	81.8
CODMn			10.02	11.2	10.62		4.32	5.29	6.56
NH3-N	5.4	10.01	2.52	2.74	0.84	1.13	1.45	1.66	1.14
TP	0.34	0.88	0.55	0.39	0.2	0.25	0.89	0.17	0.39
BOD5	13.2	63.8				9.4			
DO			9.58	8.86					
TN						4.04	3.56	15.83	4.31	3.53

表4　蜀峰湖底泥监测结果

pH	有机质 (g/kg)	总氮 (mg/kg)	硝氮 (mg/kg)	氨氮 (mg/kg)	总磷 (mg/kg)
6.99	42.53	616.25	41.06	536.06	295.24

表5　修复前(2014年2月25日)蜀峰湖部分点位水质（单位mg/L）

项目	①	②	③	④	⑤	V 类水
CODcr	186	119	435	213	98	40
NH3-N	16.92	12.83	51.6	75.36	6.25	2.0
TP	2.84	1.58	3.37	—	0.75	0.4

表6　修复过程中(2014年5月16日)蜀峰湖部分点位水质（单位mg/L）

位置	化学需氧量 (mg/L)	硝酸盐氮 (mg/L)	氨氮 (mg/L)	总磷 (mg/L)	总氮 (mg/L)
湿地进水口①	36.3	0.5	7.12	0.704	8.43
湿地出水口②	17.7	0.7	1.06	0.167	1.7
人工湖北桥③	15.7	0.72	0.495	0.092	1.28
香樟大道污水口④	18.5	0.8	0.47	0.082	1.3
大湖到小湖出水口⑤	16.4	0.65	0.569	0.095	1.44
小湖区溢流口⑥	15	0.39	0.619	0.127	0.798

主要水质指标均值均达到《地表水环境质量标准》（GB3838-2002）IV及以上，综合营养状态指数低于50；其他景观要求。

四、技术路线

本工程技术路线首先降低水位，进一步排查污水排口，为清淤及微地形改造做准备；不能消除的排口通过选择适宜的景观湿地的方式进行处理，微地形改造则需要考虑沉水植被的种植需求；集约化水环境全生态系统的构建最关键部分则是通过水位调控及微生态系统的控制，提高水体透明度，为沉水植被的恢复创造条件，后期的生态系统维护须根据现场水环境情况适当调整。

五、工程措施和实施效果

1. 工程施工工序

（1）前期工程：上游围堰、抽水、清淤等；

（2）隐蔽工程：混凝土垫层浇筑、生物拦截床墙体构造、滤料填充、土工

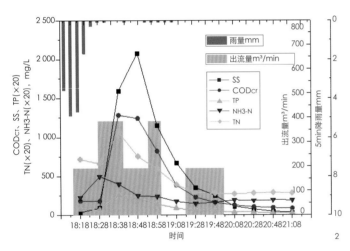

2

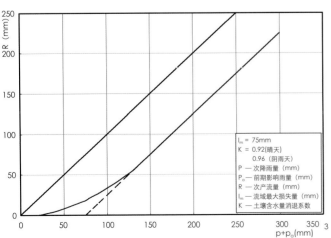

3

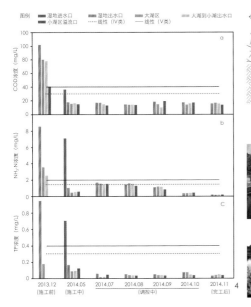
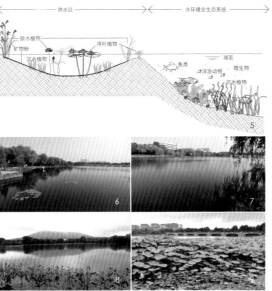

1.项目工程生态修复采用的技术路线图　　　4.蜀峰湖生态修复前后水质变化
2.D村冲沟雨天溢流水质、水量和雨量过程线　　5.水域全生态系统示意图
3.降雨和径流关系曲线　　　　　　　　　　　6-9.蜀峰湖生态修复完工后实景图
　　　　　　　　　　　　　　　　　　　　　10.蜀峰湖平面示意图

布铺设、底质预处理等;

（3）水生植物种植工程:先进行生物拦截床植物种植,再种植沉水植物,最后岸边挺水植物种植;

（4）水质调节;

（5）底栖动物及鱼类的投放。

2. 实施效果

通过调查统计,平均每天周边小区排入湖体的生活污水约有1 000m³,同时还有雨天路道雨水冲刷所带来的面源污染。蜀峰湖生态修复前（2014年2月25日）箱涵处①②、雨水管处③⑤、污水管处④位于水面以下的水质检测数据表5,数据显示每天排入蜀峰湖的污水水质为劣Ⅴ类,这在一定程度上加速了水体富营养化进程。

生态修复完工后（2014年5月16日）的水质检测数据报告显示（表6）,湿地进水口处①为地表水劣Ⅴ类水,湿地出水口②为地表水Ⅴ类水,③④⑤点为地表水Ⅳ类水,小湖区溢流口③达到了地表水Ⅲ类水标准。

通过生态修复,有效地解决了蜀峰湖水体的富营养化难题,改变过去"污水横流、臭气熏天"面貌,水体水质和人居环境均得以改善。

六、讨论及小结

2014年10月住房城乡建设部印发《海绵城市建设技术指南》及2015年10月国务院办公厅印发《关于推进海绵城市建设的指导意见》,明确提出保护原有水生态系统、恢复被破坏的水生态都是海绵城市建设的重要目标之一。水生态的修复立足于净化原有的水体,通过截污、底泥疏浚及生态措施等技术手段,提高区域水体的水环境质量。城市景观水体调蓄能力的合理利用,将增加城市水体的滞蓄能力,涵养水源,增强水体自净能力,对改善城市地区的生态环境起到巨大推动作用。而通过构建湿地水生态系统的工艺,恢复城市水体自净能力,以达到更加稳定的净水效果,有利于减少后续人工维护,是具有可持续性的有效措施。

目前城市景观水体的水生态系统构建可供借鉴的成功案例较多,如山东黄河玫瑰湖、西昌市邛海、上海世博园后滩湿地等。从景观水体的水生态系统构建的技术选型、生态系统完整性及对区域雨水等的处理上来看,蜀峰湖水生态修复工程的实施是因地制宜的。但从城市景观水体的功能上,其湖滨带的设计及陆地的景观打造上仍有较大的提升空间。

参考文献

[1] 章林伟. 住建部副司长章林伟详解海绵城市始末[N]. 中国建设报, 2015. 11 – 18.

[2] Naselli-Flores L. Urban lakes: Ecosystems at risk, worthy of the best care [J].ke Conference, Jaipur, India, 2007: 1333-1337.

[3] 杨文斌, 王国祥, 张利民, 曹昀, 潘国权. 常熟市昆承湖水质时空变异特征和环境压力分析[J]. 自然资源学报, 2007, 22（2）: 127 – 133.

[4] 董刚明. 城市水系生态修复中的湿地规划建设研究[J]. 四川林业科技, 2015, 36（3）: 50 – 54.

[5] 张显忠. 合肥市老城区初期雨水污染现状与调蓄策略[J]. 中国给水排水, 2012, 28（22）: 38 – 42.

[6] 阮大康, 钱静, 李田, 沈军, 卢小艳. 合肥市某城中村雨天出流的污染特性及控制对策[J]. 中国给水排水, 2011, 27（19）: 41 – 44.

[7] 仇保兴. 海绵城市（LID）的内涵、途径与展望[J]. 中国勘察设计, 2015, 7: 30 – 41.

[8] 王守华, 王业伟, 王业硕. 玫瑰湖湿地生态系统的构建、修复及效果分析[J]. 林业建设, 2015（4）: 116 – 121.

[9] 张红实. 西昌邛海湿地生态重建模式初探[J]. 四川林勘设计, 2013（2）: 14 – 21.

[10] 董悦. 上海世博园后滩湿地生态系统构建与水质调控效应研究[J]. 湿地科学, 2013, 11（2）: 219 – 226.

作者简介

李　堃,博士,安徽省城建设计研究总院有限公司,副总工,高级工程师;

司马小峰,博士研究生,安徽省城建设计研究总院有限公司,工程师。

海绵城市低影响开发雨水排水设计与规划体系的衔接
——以北京丰台区永定河生态新区低影响开发排水规划与设计为例

Connection and Guiding Significance between Sponge City Drainage Design and Planning
—Case Study of Beijing Yongding Ecological New District LID Drainage Design

赵志勇 莫 铠 向文艳 饶 红
Zhao Zhiyong Mo Kai Xiang Wenyan Rao Hong

[摘　要]　我国当前的水资源形势面临着严峻的挑战，海绵城市建设对于我国城市水资源可持续发展与水生态文明建设，雨水资源的有效管理、开发、利用至关重要。传统的城市规划设计往往忽略了水要素，而导致城市面临洪涝风险、水生态环境遭受破坏等问题。本文介绍了海绵城市低影响开发雨水排水设计与城市总体规划、专项规划、控制性详细规划之间的衔接与指导意义，并以北京永定河生态新区低影响开发排水规划为例，重点说明了低影响雨水排水设计与专项规划和控规的衔接要点，并验证了研究区在50年一遇24小时场降雨情况下，通过地表下渗、雨水滞蓄和市政管网的联合作用，实现地表径流总量无外排。本研究为今后海绵城市排水设计的提供了重要的借鉴作用。

[关键词]　海绵城市；低影响开发；排水规划设计；专项规划

[Abstract]　The water resource in China is in a severe situation, while the sponge city design is of importance to the water resource sustainable development, the water ecological civilization construction, efficient management and utilization of rain water resource. The traditional city planning would always ignore the water feature, and result in the flood risk in the city and destroy of the water ecological system. This study explained the connection and guiding significance between sponge city drainage design and the city master plan, special planning and regulatory detailed planning. A case study of Beijing Yongding ecological LID drainage design explained the connection between sponge city drainage design in practical project and urban planning. The study proved that through the effect of infiltration, retention and municipal pipe network, the surface runoff of 50 year return period design storm is totally held within the area. The study is of great importance to sponge city design project in the future.

[Keywords]　Sponge City; Low Impact Development; Drainage Design; Specific Planning

[文章编号]　2016-72-P-070

一、引言

城市可持续发展离不开良好的水资源和水生态。然而，近年迅速发展的城市化进程一方面改变了城市下垫面和自然生态，破坏了自然水文特征，增大了地表径流汇流水量和洪峰，带来了严重的城市内涝的风险。另一方面，大量的地表径流和短历时暴雨造成地面冲刷和面源污染也破坏了水生态环境，使城市水体水质进一步恶化。

为了应对这些新的挑战，国家与地方部门先后制定了多项雨水利用规范和标准，但是受到规范标准和传统开发方式的制约，雨水排水的规划和设计作为基础设施的投入一直未受到各个层面应有的重视。近几年来，各个城市陆续受到城市内涝及水环境安全事件的直接影响，造成了重大的人员与财产损失。我国于2014年10月由住建部发布了《海绵城市建设技术指南——低影响开发雨水系统构建》（以下简称《技术指南》），2015年选取16个城市作为海绵城市建设试点城市。海绵城市体系的建立主要包括三个部分，即低影响开发排水系统（LID）、传统雨水管渠排放系统、超标雨水径流排放系统。其中，除了传统雨水管网排水系统是现有规划体系一直涉及的部分之外，另外两个部分在控规、修规，乃至专项规划中都未进行具体的设计和思考。而国外英、美、澳大利亚等国对于这两个方面，特别是低影响开发的排水设计积累了大量的实例和经验，因此在我国大力开展海绵城市规划设计和建设的过程中，应当吸取经验，根据当地实际情况，创造出符合国情的低影响排水设计理论和体系。

由于传统规划体系的限制，造成了规划方案与实际情况和日常管理的脱节，往往是先规划再调查，在规划流程和时序上的前后倒置造成了规划方案往往无法落地，或在后期实施过程中进行较大的修改。一方面，在传统的总规、控规的编制过程中，没有将LID雨水排水设计的目标原则、指标措施、维护管理和责任主体纳入考虑范围，导致城市面临洪涝风险及水资源管理、利用不合理等问题。另一方面，在传统的专项规划的编制过程中，没有同步地将各专业进行横向的信息联系，作为割裂的对象进行独立的设计。而水体本身作为特殊的介质，受地形变化和竖向标高的影响巨大，应当在编制排水研究和规划的同时，与周边相关规划方案互相联系及研究，并进行不断完善和迭代。

目前，诸多学者对海绵城市设计与规划进行了探讨和总结。本文通过受北京城市规划设计研究院委托的北京市永定河低影响开发雨水排水规划和设计的项目实例（以下简称"本项目"），介绍了LID雨水排水设计在具体项目中的应用，包括设计理论、总体技术路线和设计步骤，以及与总体规划和控制性规划方案的衔接，并且对工程建设的可行性研究、综合效益分析、参数选型等方面具有重要的指导意义。

1. 北京丰台区永定河生态新区海绵城市雨水排水规划和设计项目研究范围
2-3. 规划后研究区域南侧BMP湿塘设计示意图

二、项目背景

永定河是海河水系最大的一条支流，位于北京的西部，是重要的绿色生态走廊和低碳产业基地。项目位于北京市丰台区永定河东岸，研究区域总面积157hm²，北侧地块74hm²，南侧地块83hm²。研究区域相对封闭，西侧在S50西五环以内，东北侧在丰沙线铁路线以内。为实现永定河"十二五"规划的目标和排水防涝规划，当地政府管理部门和规划研究机构尝试采用LID雨水排水设计的方法与城市规划体系相结合，建立"海绵城市"体系。

三、海绵城市雨水排水设计的目标和定位

依据《永定河生态文化新区规划方案综合》和北京市地方标准《雨水控制与利用工程设计规范》DB11/685-2013（以下简称"地方标准"），设立本项目海绵城市——低影响开发暴雨径流管理控制目标。

《技术指南》提出的海绵城市是将科学的、可持续的水资源战略与城市规划相适应，确立了海绵城市雨水排水设计在规划体系中的重要地位，将其提升至与其他专项规划同一高度的层面。其中，需要注意的是，海绵城市雨水排水设计与规划体系中的各规划方案进行双向互动，并且为控制性详细规划提出指标参数和指导意见。

海绵城市雨水排水设计的流程主要包含12个步骤，从最初的现状分析，到最终的确定设计方案和提交最终报告，主要经历了现状评估、确定目标和原则、方案设计、方案模拟、结果比较和分析、确定最终方案等若干阶段。

四、设计与规划体系的衔接

1. 总体规划

在总体规划层面，衔接的内容包括：

（1）确定研究区域内部总体雨水控制目标及低影响开发实施原则

例如，年径流总量控制目标。项目研究区的年径流总量控制率为85%，并且提出场降雨控制目标。对于5年一遇24小时设计日降雨，新开发区域外排雨水流量径流系数≤0.4。

（2）提出径流洪峰控制总体原则

由于本项目区域的规划方案和北京当地标准未指出明确的削峰指标，且提出相关控制措施需通过模拟计算得到。因此本项目径流洪峰控制主要通过LID排水设计中最佳管理措施（Best Management Practice, BMP）和其他措施实现。并可通过最终方案得出经验参数，以供后续总体规划编制中进行参考。

（3）提出研究区域内径流污染总体原则

由于缺乏有效的地表径流水环境监测数据，且本项目位于北方城市，雨水地表径流量应作为重点，因此未制定定量的地表径流水质控制目标，而是希望通过设计的BMP对水质过滤的作用，实现一定程度上的径流水质控制，在本项目中未对地表径流水质进行模拟。

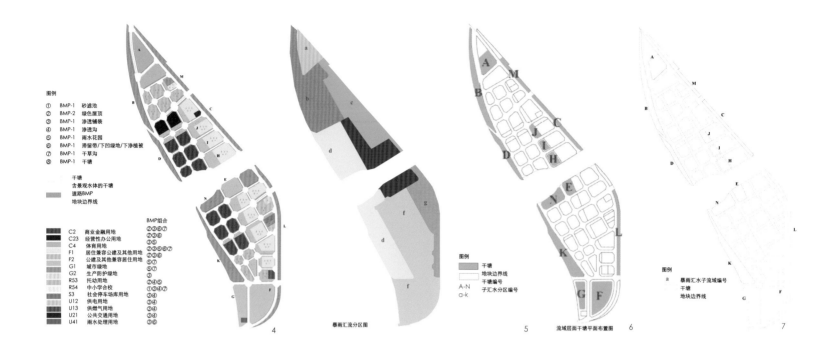

图例
① BMP-1 砂滤池
② BMP-2 绿色屋顶
③ BMP-1 渗透铺装
④ BMP-1 渗透沟
⑤ BMP-1 雨水花园
⑥ BMP-1 滞留带/下凹绿地/下渗植被
⑦ BMP-1 干草沟
⑧ BMP-1 干塘

干塘
含景观水体的干塘
道路BMP
地块边界线

		BMP组合
C2	商业金融用地	②③④⑤⑦
C23	经营性办公用地	②③⑤⑥⑦
C4	体育用地	③⑤
F1	居住兼容公建及其他用地	②③⑤⑥⑦
F2	公建及其他兼容居住用地	②③⑤⑥⑦
G1	城市绿地	⑤⑦
G2	生产防护绿地	①
R53	托幼用地	②④⑤
R54	中小学合校	①③④⑦
S3	社会停车场库用地	①③④
U12	供电用地	③④
U13	供燃气用地	③④
U21	公共交通用地	①③④
U41	雨水处理用地	③④⑥

图例
干塘
地块边界线
干塘编号
A-N
a-k 子汇水分区编号

暴雨汇流分区图

流域层面干塘平面布置图

图例
a 暴雨汇水子流域编号
干塘
地块边界线

4. 不同用地类型对应的BMP组合和布置
5-7. 绿地系统中的BMP干塘分布图和汇流分区图

表1　　　　　　　　　　　　　暴雨径流管理控制目标

因素	暴雨径流管理控制目标		
	1年一遇 （45 mm降雨）	5年一遇 （141 mm降雨）	50年一遇 （350 mm降雨）
地块控制	低影响开发，地块内地表径流通过截留、下渗，不外排	新开发区域外排雨水流量径流系数不大于0.4	50年一遇暴雨时地块内部不产生涝水
街道控制	低影响开发设施的设计标准采用1年一遇控制		路面积水深度不超过15cm
流域控制	—		采用干塘等调蓄措施，尽可能地在流域内滞蓄水量，减少对下游渠道和市政管网的外排水量

表2　　　　　　　　　　　　居住地块BMP雨水调蓄设施验证

地块编号	用地类型	子流总面积（hm²）	建筑密度	绿地率	应配备雨水调蓄容积（m³）	实际BMP总体积（m³）
a-11	公建及其他兼容居住用地	1.289	45%	30%	156.7	386.8
a-12	公建及其他兼容居住用地	0.778	45%	30%	94.53	233.4
a-13	公建及其他兼容居住用地	0.752	45%	30%	91.35	225.6
a-16	公建及其他兼容居住用地	1.238	45%	30%	150.4	371.4
a-17	居住兼容公建及其他用地	2.168	30%	30%	175.6	699.1
……	……	……	……	……	……	……

（4）考虑海绵城市排水设计对研究区外部周边和下游的排水防涝的作用

50年一遇24小时暴雨情况下，研究区雨水不外排至下游地表水体和河道，而是最大限度的通过本区域内的各类措施，例如土壤下渗、地表滞蓄、雨水控制等措施进行外排水量的控制，减缓下游的压力。

2. 专项规划

（1）城市水系

在城市水系规划阶段，应当进行的衔接包括：

①加强低影响开发雨水排水与地表水之间的衔接，形成完整的水文循环体系，借助地面和水体的自然高差和流向，减小市政管网防洪排涝的压力。本项目研究区内和周边没有主要河道流经，因而没有足够条件利用现状城市水系的地表水体。

②充分考虑规划区域现状地形，利用地表水体蓄滞，削减洪峰过程，并利用水体自净能力和水体纳污能力，将地表径流产生的初期污染进行一定程度的处理，起到净化水质、提升水环境、保护水生态系统的作用。本项目中通过利用城市开放空间雨水滞蓄措施，实施雨水的超标径流量管理，并实现雨水的收集和净化。

（2）城市绿地系统

在城市绿地系统方面，应当进行的衔接包括：

①对绿地率、布局及可用于雨水下渗与滞蓄的下凹式绿地提出建议。本项目在控规层面进行了指标分解，并通过数学模型模拟给出了绿地内BMP布置类型的建议。

②充分合理地利用绿地空间，合理利用地形，在绿地低洼地段设置下凹式绿地、干塘、湿塘等调蓄设施，加强与周边汇水区域的衔接，接纳汇水量。本项目对区域的地形和竖向体系进行了研究和合理化调整，在流域管理层面划分暴雨管理子流域分区，并利用了数学模型进行验证，使得城市绿地在城市暴雨管理中发挥了重要的作用。

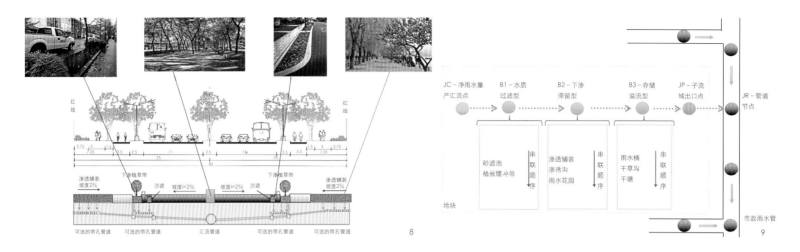

8. 50m道路典型断面BMP布置示意图
9. 建筑和小区BMP组合连接关系示意图

（3）城市道路交通

在城市的道路交通系统方面，应当进行的衔接包括：

①充分考虑道路雨水管理汇水区的划分，优化典型断面及竖向设计。本项目根据道路等级、典型断面和路面坡度，对道路专项规划进行验证和进一步优化调整，以利于BMP措施的布置。考虑道路绿化带、人行道、自行车道设置砂滤池、透水路面、下凹式绿地。

②当超标准暴雨情况下，地块内雨水漫流至路面，考虑道路可作为超标准暴雨排放路径，能够通过路面将雨水汇流运至其他雨水控制设施，以分担局部排水压力。本项目中考虑利用路面将超标准降雨径流汇至干塘和湿塘，根据暴雨管理子流域分区，优化子道路专项规划的道路坡向及坡度。

③对于具有大面积硬质铺装的交通设施用地，例如停车场站等，需考虑尽量布置特定的BMP以利于滞蓄和收集地表径流，同时净化径流水质。例如采用透水铺装、干草沟、雨水收集罐、可渗透沥青等。

（4）城市排水防涝

本研究通过采取地块、街道、流域三个层面低影响开发设施，逐级分解、控制雨水，削减地表径流总量及峰值。通过划定暴雨汇水分区，协调流域层面低影响开发设施与分块管理整个区域内的暴雨径流。

在城市排水防涝方面，应当进行的衔接包括：

①通过低影响开发排水系统与城市市政雨水管网系统、整个城市排涝体系相结合。本项目在排水专项规划相关资料的基础上，考虑将LID雨水排水作为市政排水管网的上游入流，并建立研究区的SUSTAIN数学模型，通过定量的计算来验证海绵城市的总体目标是否实现。本项目最终实现50年一遇24小时设计

暴雨工况下研究区域地表外排径流量为零，且主要道路路面积水深度不超过15cm的设计目标。大大超过传统排水设计中1—3年一遇的设计标准。

②对整体区域进行暴雨汇水分区的划分产生的影响，利用绿地系统设置干塘、湿塘等流域层面的低影响开发设施，截留、滞蓄地表径流，起到滞洪、蓄洪及削峰的作用。

③根据雨水设施布局、设计参数和所对应的汇水区，对场地竖向设计进行验证，并提出优化建议。规划区域在开发后实现规划的暴雨管理设计目标。确保在设计目标50年一遇暴雨下不发生城市内涝。

3. 控制性详细规划阶段

在控规阶段，需对总规提出的原则和目标进行分解，根据雨水地表径流排放的先后顺序和汇水量可

细分为三个层面，即地块层面、街道层面、流域层面。分解的内容主要包括：①根据不同城市的具体情况，确定地块层面的雨水控制指标，如地块排外径流系数；②考虑预留雨水控制措施占地比例和面积；③调整场地竖向规划和总体坡向；④结合用地性质提出雨水控制和利用设施的类型、组合和规模，本项目对雨水滞蓄容积、下沉式绿地比例、透水铺装比例等进行了确定，并纳入控制性规划地块开发指标范围内；⑤统筹协调和衔接不同层面（地块、街道、流域）、不同地块的各类影响开发设施，以保证区域整体低影响开发排水目标的落实。

（1）建设与小区

建筑平面布局，占地、竖向设计、景观设计与低影响开发雨水设施紧密相关，应根据地块开发功能协调其相互的衔接关系，分布位置的匹配，既能够达

表3　　　　地块层面设计导则的指标列表

子流域编号	地块编号	用地类型	BMP类型	BMP面积（hm²）	BMP占地块面积比例
1	a-107	城市绿地	干塘	5.12	72%
2	a-06	体育用地	雨水花园	0.46	15%
3	a-17	居住兼容公建及其他用地	绿色屋顶	0.07	3%
3	a-17	居住兼容公建及其他用地	透水铺装	0.61	28%
3	a-17	居住兼容公建及其他用地	雨水花园	0.16	7.5%
3	a-17	居住兼容公建及其他用地	滞留塘/下凹绿地/下渗植被	0.11	5.3%
3	a-17	居住兼容公建及其他用地	干草沟	0.05	2.3%
……	……	……	……	……	……

表4　　　　道路层面设计导则的指标列表

道路名称	道路等级	道路面积（hm²）	渗透铺装（m²）/比例		下凹式绿地面积（m²）/比例		砂滤池占地面积（m²）/比例	
北五路	城市支路	1.19	1 057	8.88%	5 284	44.4%	16	0.06%

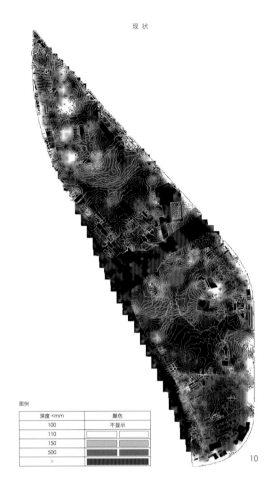

现状

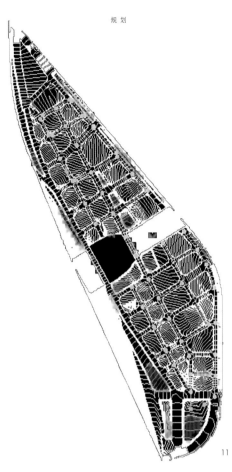

规划

图例

深度 <mm	颜色
100	不显示
110	
150	
500	
>	

10

11

10-11.研究区域开发前、后50年一遇设计暴雨淹没范围示意图
12.城市道路竖向高程调整三维示意图
13.不同重现期设计暴雨地表径流总量比较
14.50年一遇场雨降雨径流过程对比图

表5　　　　　　　　　　　流域层面设计导则的指标列表

干塘编号	类型	位置	干塘表面积（m²）	占地百分比	容积（m³）	边坡	实际最大深度（m）	有效深度（m）	坡顶退线（m）
A	干塘	北侧	25 341	67%	44 548	1:5	2	1.76	—
B			45 437	100%	68 483	1:5	2	1.51	—
C			21 585	100%	27 137	1:5	2	1.26	—
D			20 416	100%	28 637	1:5	2	1.40	—
H			10 956	71%	17 971	1:5	2	1.64	10
I			6 192	63%	9 406	1:5	2	1.52	10
J			7 978	61%	12 321	1:5	2	1.54	—
M			14 425	57%	18 890	1:5	2	1.31	—
E		南侧	14 256	100%	24 046	1:5	2	1.69	—
F			51 200	72%	133 091	1:5	3	2.60	20
G			18 951	51%	41 862	1:5	3	2.21	20
K			49 989	100%	82 310	1:5	2	1.65	—
L			25 187	100%	31 831	1:5	2	1.26	—
N			23 335	100%	40 142	1:5	2	1.72	—

到低影响开发雨水控制目标，又能够与景观功能相结合，相得益彰、相互提升。本项目主要涉及的BMP类型包括：绿色屋顶、砂滤池、渗透铺装、渗透沟、雨水花园、下凹式绿地、干草沟等。每个地块BMP组合及连接关系应在数学模型验证时予以正确搭建。

其中，各个BMP尺寸及参数通过数学模型验证，并将验证结果与设计目标进行比对，如未达标，则进行参数修正。

根据北京市地方标准要求，新建工程硬化面积达2 000m²及以上的项目，每千平方米硬化面积应配建调蓄容积不小于30m³的雨水调蓄设施。具有蓄水功能的BMP措施均涵盖在调蓄设施范畴内。通过计算验证每个地块内调蓄容积达标。

（2）城市道路

基地范围内规划道路包括城市次干道和支路。城市次干道红线宽度为50m和30m，城市红线宽度为30m和25m。根据道路设计横断面，确定自行车道、人行道100%使用透水铺装，绿化隔离带100%使用下渗植草带。道路横向坡度为2%，机动车道的雨水汇入两侧下渗植草带，再下渗至土壤蓄水层，人行道与自行车道雨水通过渗透铺装下渗至土壤蓄水层，当土壤蓄水层饱和以后，雨水通过带孔管道汇流至排水管网。

4. 规划设计导则

根据数学模型模拟及计算，确定每个地块不同BMP的占地面积，建议的地块规划设计导则内容及方法如下：

（1）需要集合城市规划、景观规划、交通、市政、环卫等部门的资料，在控制性详细规划甚至详细设计的过程中参与，使得在概念规划研究中建立的假设条件得以落实。

（2）具体的地块的用地分类尤其是建筑物的占地位置和面积的进一步确定后，建议在地块范围内和小的子流域范围内进行水动力分析，考虑在地块和子流域范围内加入削峰池，蓄洪池等，尽量在靠近出流地点的范围内控制雨水，在源头上控制污染物，从而减小主要雨水排放管道的管径，减少道路壅水的危险，降低建筑物和重要地区洪涝灾害可能性。

（3）调蓄设施的调蓄容积及调蓄控制需按区域降雨、地表径流系数、地形条件、周边雨水排放系统及用水情况综合考虑确定，有条件地区，调蓄设施设计宜采用数学模型法。

（4）BMP的布置应与景观设计结合，根据数学模型模拟及计算，确定道路BMP的占地面积，建议的道路规划设计导则内容及方法如下：

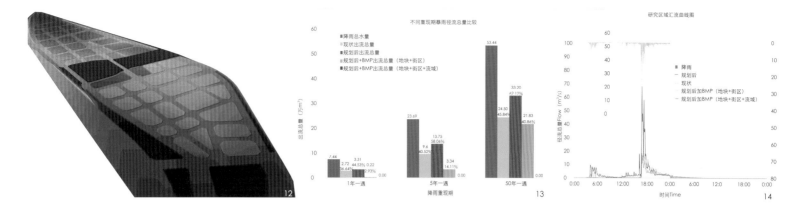

不同重现期暴雨径流总量比较

图例:
■降雨总水量
■现状出流总量
■规划后出流总量
■规划后+BMP出流总量（地块+街区）
■规划后+BMP出流总量（地块+街区+流域）

研究区域汇流曲线图

图例:
—降雨
—规划后
—现状
—规划后加BMP（地块+街区）
—规划后加BMP（地块+街区+流域）

12　　　　　　　　13　　　　　　　　14

①根据规划要求和周边路网竖向标高，生成准确的三维地形，进行洪水淹没分析，根据淹没结果，对道路竖向标高进行进一步调整的建议，例如增加坡等。同时可以加入管线的设计，和模型的其他模块结合进行水动力分析，进一步对管线设计进行指导。

②复核已完成的市政排水规划设计，例如，检查井顶部的高程设计，规划雨水管径设置，管内底高程和坡度等信息。

③针对地块和道路对雨水口进行深入的研究和设置，因此会在一定程度上影响径流分配和积水分布的分析。

根据数学模型模拟及计算，确定流域层面BMP的占地面积，建议的流域层面规划设计导则如下：

①进一步对上游和下游的产汇流进行分析：对不利于本研究区域的大暴雨情况进行具体场降雨产汇流及洪水淹没风险分析，进一步指导本研究地区的用地规划类型。对于下游和周边河流水体在不同情况下的水位进行研究，从而确定常态雨水排水水位和不同暴雨情况下排水水位和过水能力，进一步确定地块流域内最为合理的临时蓄洪能力。

②改善地表径流和汇流水质，减少场地的总出流量，同时最为合理的利用水资源，变"排"为"收"。考虑到目前新区建设中对于水景观的接受性和要求都逐年升高，最大可能的回收利用收集降水，控制出流量，最大可能降低对下游流域的不利影响。采取了主要是"结构"型的工程措施，包括布置各种类型的BMP，以及大型的蓄涝干塘。

③考虑到可能产生的土方资源，尽量做到利用设计洼地干塘产生的土方对现有有洪水淹没风险的地块和道路进行调整。

五、模拟与验证

1. 地表径流系数

永定河生态低影响开发排水规划选用的低影响

开发设施包括绿色屋顶，砂滤池，透水铺装、渗透沟、雨水花园、下凹式绿地、干草沟及干塘。通过美国环境保护署研发的数学模型SUSTAIN对场地内地块层面、街道层面及流域层面的低影响开发雨水设施设计进行模拟验证。对于不同重现期设计暴雨，不同工况下地表径流出流总量比较图，50年一遇地表径流过程图。结果表明，低影响开发雨水管理措施能够有效地截留、滞蓄场地内的雨水，有效的控制径流过程，削减、延缓径流峰值，防止洪涝灾害的发生。

六、总结

海绵城市的低影响开发雨水排水设计应当定位于重要的专项规划，并且与总体规划、其他相关专项规划、控制性详细规划等方案进行有序的衔接，并且在编制时序上相对纳前，以指导后期控制性详细规划中地块开发指标的编制。同时提出合理、有效的规划措施，指导当地的后续深化设计和建设工作。

以北京永定河生态新区低影响开发雨水排水设计为例，海绵城市低影响开发设计从地块、街道、流域三个不同层面对地表径流总量及洪峰进行有效的滞蓄、削减及控制。指出了海绵城市雨水排水设计与专项规划和控规的衔接要点，在不同专项规划和控规的基础上，进行了设计思路的创新，并采用了新技术和数学模型模拟的手段，提出了合理和具体的设计方案，并验证了研究区域在50年一遇24小时场降雨情况下，通过地表下渗、雨水滞蓄和市政管网等方式，实现海绵城市的低影响开发排水的总体设计目标。

参考文献

[1] 万贤茂. 海绵城市理念在城市规划的应用与建议[J]. 经营管理者, 2015. 9: 269.

[2] 建筑与小区雨水利用工程技术规范[S]. 2006.

[3] 《雨水利用工程技术规范》SZDB Z 49－2011[D]. 2011.

[4] 《雨水控制与利用工程设计规范》DB11/685－2013 [D]. 2013.

[5] 海绵城市建设技术指南[M]. 2014.

[6] 杜驰. 海绵城市理论及其在城市规划中的实践[J]. 城市建设理论研究（电子版），2015（5）.

[7] 周迪. 海绵城市在现代城市建设中的应用研究[J]. 安徽农业科学，2015，43（16）：174－175.

[8] 段鸣飞. 海绵城市理念在城市规划中的应用研究[J]. 低碳世界，2015（15）：21－22.

[9] 于一丁，胡跃平. 控制性详细规划控制方法与指标体系研究[J]. 城市规划，2006，5：44－47.

[10] 赵志勇，莫铠. 海绵城市规划设计思路：以永定河生态新区为例[J]. 中国给水排水，2015，31（17）：111－117.

作者简介

赵志勇，奥雅纳工程咨询（上海）有限公司，高级工程师；

莫　铠，奥雅纳工程咨询（上海）有限公司，高级工程师；

向文艳，奥雅纳工程咨询（上海）有限公司，助理工程师；

饶　红，奥雅纳工程咨询（上海）有限公司，副总规划师。

景观设计与雨洪管理的有效结合
——以北京768阿普雨水花园为案例

Effective Combination of Landscape Design and Stormwater Management
—In Case of Beijing 768 UP+S Rainwater Garden

姜斯淇
Jiang Siqi

[摘　要]　雨水花园作为低影响开发的基本技术手段，实现了建筑及周边场地的雨水控制与利用。本文以北京768创意产业园区中阿普雨水花园为例，阐释了在园区后期开发及运营中，景观设计与雨洪管理是如何有效结合在一起的。并从区域环境、雨水组织、材料应用、植物配置等方面详细介绍了该花园。

[关键词]　低影响开发；雨水花园；雨洪管理

[Abstract]　Rainwater garden as a basic low-impact development technique, to achieve the control and utilization of stormwater of building and the surrounding grounds. In this paper, with the up+s Rainwater garden in Beijing 768 creative industry park as Case, elaborated how the landscape design and stormwater management were combined in the development and operation of the park. And Introduced the garden from the aspects that regional environment, rainwater organization, material application, plant configuration, etc.

[Keywords]　Low Impact Development; LID; Rainwater Garden; Stormwater Management

[文章编号]　2016-72-P-076

1.768阿普雨水花园平面图
2-3.实景照片
4.黄色玻璃钢格栅交流休憩空间
5.活动场景
6.768阿普雨水花园雨水组织的系统图

一、引言

低影响开发（Low Impact Development，LID）是基于模拟自然水文条件原理，采用源头控制理念实现雨水控制与利用的一种雨水管理方法，"基于源头控制、延缓冲击负荷"是其最基本设计理念。而在城市中，作为"源头"之一的聚集型产业园区，由于汇聚大量产业员工、容纳相关产业活动，保障其运行的安全性和连续性，雨洪安全是尤为重要的一环。

阿普贝思国际联合设计机构秉持可持续的景观设计理念，关注场地开发过程中的水文条件变化及扰动，通过"雨水花园"等LID技术手段将景观与生态、形式与功能相结合。在北京牛驼公园、融创使馆一号院、衡水格雷产业园等项目（包括办公园区、高档居住区、别墅庭院、市政公园）的实际建设经验中，总结了以景观设计为主导，融景观性、生态性、实用性为一体的雨水花园设计方法及流程。

二、项目概况

在文化产业迅速发展的今天，基于老旧厂房改造而衍生的创意园区雨后春笋般投入运行使用，如台

北松山文创园、北京798等均为人熟知。这类场所有几个共性：首先，生产型厂房在当年开发时对场地扰动大，原有水文条件在不同程度上被破坏；其次，受开发时期城市发展规模和雨洪管理水平的限制，园区内排水组织和市政管线的搭接存在隐患；此外，创意园区的二次开发，使场地从人员数量到活动类型均较从前有很大变化，原有建设势必不能满足今天的开发需求。而在改造及建设的过程中，雨洪管理，难免被忽略。

768创意产业园区就是一个这样的场地。768创意产业园区位于北京市海淀区学院路5号。其前身大华电子是我国第一家无线电微波仪器专业工厂，2009年，经过厂房改造等调整，成为创意产业公司的办公聚集地。该项目就位于768创意产业园区内。根据我国制定的《绿色建筑评价标准》（GB/T 500378-2006）在建筑节水和水资源利用方面提出了相应的屋面雨水控制要求，而园区粗放的排水组织、老旧的排水管线，成为本次雨水花园的设计契机。

三、设计目标

雨水花园也称作生物滞留池，主要的结构包括滤带、洼地和溢流设施等。雨水花园建设成本低，易

于实施，其设计应与风景园林相结合，在滞留雨水的同时，应能提供相应的景观价值。本着将雨水设施、雨洪管理景观化、场景化的目的，我们着手设计了该花园。

在这个项目中，我们希望建造一个与自然地理条件相适应的雨水调蓄装置，借以实现雨水的资源化管理。在改善当前建筑无组织排水状态的同时，降低大雨对场地植物的影响及市政管网的排水压力成为本次设计的基本目标。与此同时，通过景观化处理手段，使植物与材料成为花园的主角，让雨水设施焕发生机与活力，打造出一个充满艺术气息的"雨水银行"。我们试图探索着建立一个具有中国特色甚至是北京特色的雨水花园，以适应北京地区降雨变率大、暴雨强度大等特点。

四、总体设计构思

雨水花园实际建设面积170余m²，通过收集来自于办公屋顶140余m²的屋面雨水以及来自道路上的实时径流，将其汇集到花园中进行过滤、下渗及收集。该花园以台地为基本骨架，因台地的形式可以有效减小地表径流，延长雨水就地下渗的时间，与"海绵城市"所提倡的优先下渗理念相吻合。

雨水的组织是一个雨水花园的灵魂。我们通过雨落管、开口路牙、台地、景观水池、浅洼绿地及地下贮水池，形成了一个集收集、过滤、下渗、回用为一体的雨水系统。

屋面雨水经由雨落管聚集到弃留池，沉淀杂质。后经溢流口优先流入景观水池，景观水池与地下贮水池相连通，通过泵形成动态水景。当雨量较大时，弃留槽内的雨水则通过另一溢流口进入台地，一部分雨水在台地上下渗消解，另一部分形成径流汇集到浅洼绿地。我们对浅洼绿地的垫层进行特殊处理，延缓雨水下渗。如此一来，当浅洼绿地内的雨水水面高于溢流口时，雨水通过管道自动流入地下贮水池进行收集。

五、设计要点

1. 材料

材料是实现我们设计理念与雨水组织的关键一环，也是该项目设计中着力探索的一个方面。设计师希望使用一些既生态节能又美观耐看的材料。在选材过程中，除了常规的景观材料、建筑材料外，也试图将其他领域使用的一些材料引到雨水花园的建造中。

花园中十分显眼的黄色玻璃钢格栅，我们将其运用在场地原有的洋白蜡及景观水池周边形成一个荫蔽的小型停留场地，其质轻、耐久、镂空、易切割等特性不但维持了开发前后现状树周边水热条件的平衡，而且便于其下管线的维护管理，其亮丽的色彩更是营造了一个富有活力的交流休憩空间。

石笼这种形式具有材料易得、施工简易、耐久性强等优点，在场地中我们进行了两处尝试。一处位于浅洼绿地西侧，作台地之间的挡土用。此处使用常规的格宾石笼，填充石材的质地、色彩均与台地其他部分取得统一。另一处即为花园入口处的Logo景墙，我们采用蓝色碎玻璃块作为填充，以钢板及钢丝网做支撑。稍作演变的石笼在此因色彩光影的变换显得格外富有生机与活力。

2. 植物

在这个一百多平方米的雨水花园中，植物是最显眼的可视部分。尽管如此，它们同其他景观要素一样，都是用于适应场地降雨条件、服务雨水的。这是设计师选择植物材料的基本

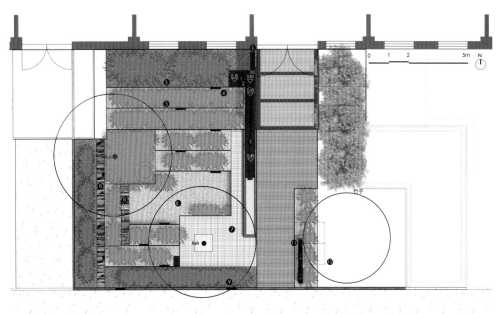

① 落水管　② 弃流槽　③ 种植台地　④ 钢槽溢流口　⑤ 循环水池　⑥ 回地花园
⑦ 玻璃钢格栅平台　⑧ 格宾石笼　⑨ 路牙溢流口　⑩ 入口　⑪ logo墙　⑫ 地下贮水池

原则。我们在场地里选择性地种植了大量具有双重雨水耐适性的植物，除了保留原有的两棵白蜡和移栽的拂子茅外，还栽植了大量观赏草。该项目中使用了蓝羊茅、崂峪苔草等十几种观赏草。它们能够很好地适应环境，更有丰富的色彩、可人的姿态，为雨水花园增添一份灵动。

3. 色彩

色彩同样是我们提升场地活力的一个重要方式。红色的植物有机覆盖物、黄色的玻璃钢格栅、蓝色的玻璃碎块及蓝灰色的碎石块，都让这个雨水花园成为一个让人们愿意驻足停留、仔细玩味的场所。

六、结语

在城市雨洪管理中，景观用地由于建设强度相对较小，因此，为建筑及硬质场地"基于源头控制"提供最佳的雨洪消减场所。这也是在小尺度的景观设计中，雨洪设计必须同步考虑、必须为周边雨水服务的原因。

我们认为，以雨水花园为代表的LID雨洪调蓄技术，是海绵城市的细胞体，是保障城市雨洪安全的基础环节，必将纳入景观设计体系中，成为设计的关键一环。

参考文献

[1] 工建龙，车伍，易红星. 低影响开发与绿色建筑的雨水控制利用[C]. 第五届国际智能、绿色建筑与建筑节能大会论文集，2009，（3）.

[2] 万一梦，徐蓉，黄涛. 我国绿色建筑评价标准与美国LEED比较分析[J]. 建筑科学，2009，25（8）：6-8.

[3] 王红武，毛云峰，高原，樊金红，张善发，马鲁铭. 低影响开发（LID）的工程措施及其效果[A]. 环境科学与技术2012，35（10）：99-103.

作者简介

姜斯淇，阿普贝思（北京）建筑景观设计咨询有限公司，雨水花园事业部总经理，设计师。

项目负责人：林章义、高天阔、夏丽昕、姜斯淇、刘莉莎

7.衡水格雷雨水花园总平面
8.衡水格雷雨水花园总平面
9-10.雨水花园效果图
11.双重雨水耐适性的植物
12.入口处Logo景墙

海绵庭院
——复旦大学文科图书馆休读点改造概念方案

Sponge Courtyard
—Rest and Reading Point Reconstruction Scheme of Fudan University's

李 南
Li Nan

[摘　要]　文章从复旦大学文科图书馆休读点改造实例出发，以小见大，通过庭院的"海绵化"探讨海绵城市的精细化规划和实践途径。

[关键词]　海绵庭院；雨水利用和管理；庭院设计

[Abstract]　This Article demonstrates the rest and reading point reconstruction scheme of fudan university's library, to explore ways to realize the sponge city at microscopic level. It is important to make attempt in built-up area with rainwater usage technology, especially in the city of shanghai, which suffers from the waterlogging in recent years.

[Keywords]　Sponge Courtyard; Rainwater Usage; Courtyard Design

[文章编号]　2016-72-P-079

　　项目位于上海市复旦大学邯郸校区文科图书馆东侧的庭院内，北临城市一级路邯郸路，东西侧分别为城市支路国顺路、国年路，地段位置优越，交通条件良好。整个庭院的景观绿化面积约1 300m²，周边树木及植被生长良好，场地内保留有香樟、广玉兰、水杉等树种。由于庭院原为文科图书馆的一处后勤杂院，因此原有的硬质铺装较为粗糙，人行车行交通较为混乱，庭院功能性质不明确，并且缺乏休闲活动的空间及景观节点。我们对庭院的设计改造正是基于以上的这些分析逐步开始。

一、从海绵城市理念出发的庭院设计——雨水的"间接"和"直接"利用

　　上海地区"海绵城市"设计的主要目标是排水防涝，复旦大学也是上海市雨涝灾害的"受灾区"之一，在2013年10月及2015年6月的暴雨中，复旦校园曾经一片浩泽，因此如何将"海绵城市"的生态设计理念运用于休读点的设计之中也是我们在设计中所着力思考的问题。从城市层面而言，"海绵城市"的"海绵体"不仅仅应当包括河、湖、池塘、湿地、地下水系等大尺度的城市水体或"大海绵"，还应当包括我们身边触手可及的绿地、花园、庭院、铺地、路面等小尺度的城市配套设施与"小海绵"，"海绵庭院"理念的提出，正可视为是宏观的"海绵

城市"理念在城市微观环境中的一种延展。"海绵城市""海绵庭院"中的雨水利用可分为"间接"和"直接"两种方式："间接"方式主要是指雨水的回渗利用，即雨水渗透或回灌进入地表以下（即"下渗减排"），以控制庭院的地表径流，实施对环境的低影响开发，具体包括地面透水材料、下沉式绿地、生物滞留设施等的运用；"直接"方式则主要是指通过人工建立雨水调蓄设施进行雨水回用或利用（即"集蓄利用"），以达到减少地面径流，实施对环境的低影响开发的目的。"直接"的方式是一种将雨水进行主动收集回用的方式，具体包括地下或地面调蓄设施的设计与布置，如蓄水池、地下储水模块、雨水罐、湿塘、雨水湿地等。复旦大学文科图书馆休读点"海绵庭院"的改造，也主要包括雨水的"直接"利用与"间接"利用两方面的内容。

1. 雨水利用的"间接"方式

　　住房和城乡建设部、国家发改委于2015年曾下发通知，要求各地新建城区硬化地面的可渗透地面面积比例不应低于40%；《南京雨水综合利用技术导则（2014）》规定："人行道、步行街、停车场、自行车道等路面的透水铺装率不应小于50%"；最新的《上海市海绵城市建设指标体系（2015）》规定，"建筑与小区系统"的透水铺装率新建与改建地段的标准均要达到70%以上，"绿地系统"的透

水铺装率新建与改建地段的标准要分别达到50%与30%以上，因此大量"透水材料"的运用，加大地表水渗入量，成为实现"海绵庭院"应首先考虑的问题。雨水渗透是一种自然现象，是雨水通过渗透至浅表土壤及地下水层的过程。雨水渗入地下后再通过汇流引流设施引入雨水储存装置或调蓄设施。庭院地面表层材料具有良好的透水性，能够保证降水时雨水的及时回渗与收集，此外还可缓解降雨时路面或铺装场地的积水问题。

　　（1）渗透混凝土路面

　　混凝土是铺筑道路的一种常用的建筑材料，设计中休读点庭院南侧的后勤车道即考虑使用新型的渗透混凝土路面。渗透混凝土的发展已经有近60年的历史，特别适用于城市中容易积水的地方，可应用于自行车道和人行道上，作为辅助城市道路系统排水的地面材料，提高承载力后还可以作为车行道或停车场路面。英国拉法基建筑公司（Lafarge Tarmac）近期通过改进混凝土生产技术，研发出一种"混合速吸（Topmix Permeable）"型渗透混凝土产品，一片具备一定规模的该种路面能在1min内吸收约4t水（880gal），较传统的无砂混凝土、透水水泥混凝土、透水沥青混凝土的透水、补充地下水、控制径流总量的性能有很大提高。"混合速吸"型渗透混凝土通过使用大块的鹅卵石或碎石铺设于表层，形成混凝土表面的可渗透层，雨水可以通过表层向下渗透到

1-3.项目区位图
4.阳光走廊
5-6.内院的空间层次

比较疏松的碎石基层，疏松的碎石基层本身可以贮存大量水分。由于上海市属"三高一低"地区，可蓄水的土壤层很浅（有些地方仅500mm左右），因此为避免未被土壤充分滤净的下渗雨水污染地下水质，碎石基层之下一般还需设置防水层以防止雨水进一步下渗，碎石基层中贮存的雨水可通过敷设于基层中的引流管或排水管汇集至雨水储存装置。由于"混合速吸"型渗透混凝土可将雨水迅速渗透至碎石基层，因此能够有效防治洪涝灾害，解决城市内涝和道路积水引发的交通事故隐患，此外还可以降低路面表面温度，在夏天起到"降温箱"的作用，当气温升高时，路面之下存储的水量蒸发至路面，可以有效对路面实施降温。该种渗透混凝土美中不足在于目前尚不能适用于高寒地区，吸水后抗冻性能较差，易发生脆裂。

（2）鹅卵石铺地

鹅卵石铺地是我国江南古典园林、庭院中常用的景观道路的铺筑材料。中国传统园林铺装的一大重要特点即非常注重材料的"生态性"及选材的"因地制宜"。古人往往选择廉价天然的材料或者利用建筑废料作为铺装，但可以取得非常好的实际效果，可谓低材高用。计成在《园冶》铺地篇中所提及的地面铺装材料包括乱石、鹅子石、瓦片、石板、青板石、诸砖等，此外古典园林中还常使用青砖或小青瓦等作为铺装材料，常用的铺地类型则包括花街铺地、雕砖卵石铺地、方砖铺地、卵石铺地、条石铺地、嵌草铺地、青砖侧砌铺地、小青瓦侧砌铺地等。

值得注意的是这些铺地不仅用材廉价、形式美观、施工简便，而且从今天"海绵城市"乃至"海绵庭院"的视角来看，也是非常适宜的"生态性"用材，有着非常好的雨水渗透性能，由此也足见中国古人朴素的生态智慧。鹅卵石在《园冶》中被称作"鹅子石"，一般形态圆润优美，如鹅蛋的大小与形态，直径多在60~150mm左右，尺度适宜，石块间可以较方便地进行交接与组合，而在景观中普遍使用的鹅卵石铺地，不仅美观富有情趣，触感良好，而且透水性好，非常适合南方多雨的气候条件。休读点庭院南侧的铺装材料即选择了可透水的鹅卵石铺地，并以圆弧形交错的混凝土肋梁将铺地划分为相对独立的一块块铺砌区域，不仅图案美观还便于鹅卵石铺地的分块施工与维护。"海绵庭院"理念要求下的鹅卵石铺地不宜使用透水性能较差混凝土及水泥砂浆作为垫层与结合层（考虑机动车荷载时可使用具有渗透性能的C20无砂大孔混凝土垫层200mm厚），自下向上做法应是素土夯实（重型压实度≥93%）、级配碎石垫层（包括大、中、小碎石垫层，200mm厚，重型压实度≥95%）、砂砾垫层（50mm）、砂土结合层（50mm）、大块鹅卵石密铺面层（150mm）。经过分层级配的碎石垫层碾压平整后可以成为持力层，具有较高强度的同时保持了较大的孔隙率，便于面层渗透下来的雨水的存贮；其上碾压平整的砂砾垫层则便于找平，同时也保持了较高的透水率；砂土结合层之上大块鹅卵石密铺，则使较大的鹅卵石石块之间依

靠相互的挤压而获得较好的整体性与承载力，与此同时缝隙间砂土透水性好，便于雨水下渗；此外还需在级配的碎石垫层之中敷设引流管或排水管，以将面层渗透下来的雨水汇集至雨水储存装置。

（3）生态现浇植草地坪

生态现浇植草地坪也是"海绵庭院"中经常使用的透水性铺装做法，传统的植草砖地面由于承载力低、易断、植草孔洞间不连贯、绿化率不高、生态性能差将逐步被生态现浇植草地坪系统所替代，休读点庭院中心草坪四周即考虑使用这种新型的生态地坪系统。高承载力的生态现浇植草地坪是绿化地面与硬化地面的良好结合，在综合性能上显著优于传统的植草砖，并克服了传统植草砖的大量缺点，具有高承载力、高绿化率、绿化成活率高、使用寿命长等特点。由于是整体现浇的，因此其整体强度大大优于靠块材拼接而成的植草砖地坪，此外在水土保持、雨水下渗、绿化效果等方面具有优势。由于是现浇并且具有连续孔质的植草系统，并可根据承力要求设计混凝土的配合比与配筋，因此具有良好的结构整体性、草皮连续性和透水透气性，可以在实现高绿化率的同时兼顾交通承载要求。生态现浇植草地坪系统主要具有以下特性：

①高承载

是一种现场制作并由连续钢筋强化的多孔质草皮混凝土铺地系统，最高承载力可以达60t（可作为消防通道及消防登高面地坪使用）；

复旦大学文科图书馆修读点改造项目景观平面图

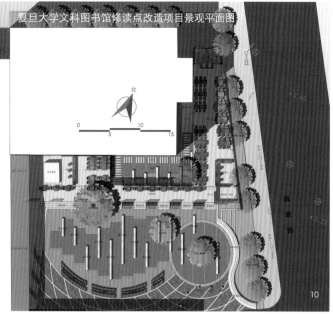

7-9.鸟瞰图
10.休读点底层平面图
11.庭院现场照片

②高绿化率

由于植草腔内采用曲面的设计，孔隙率可达55%，同时新的"草包砼"的方式替代了传统植草砖的"砼包草"方式，使混凝土更易被植草所覆盖，绿化率可达60%~100%；

③高成活率

所有植草孔腔彼此连通并与地层连通，因此植草的成活率大大提高；

④保持水土

可较好应对暴雨冲刷所导致的水土流失问题，可解决硬化地面渗水能力差甚至不渗水的问题，可用于建设绿色生态的防洪、防汛和泄洪设施，有利于保持和恢复地下水储备；

⑤高耐用性

生态现浇植草地面系统性能稳定、持久耐用，无须维护，且随着时间的增长植草会生长的更为茂密，具有长期的经济性和实用性。

（4）室外防腐碳化重竹地板

休读点庭院周边的外廊、阳光走廊、咖啡屋、阅读室及部分室外座椅的设计中，考虑使用室外防腐碳化重竹地板以进一步增强庭院地面面层的耐候性及透水性。我国竹材资源丰富，面积产量均居世界之首，竹子的最大特点即成材周期较木材短，一次造林成功，即可年年砍伐，永续利用，无须人工培育，且定期砍伐对其生长有利无害，是世界公认的可持续绿色材料，符合国家以竹代木的战略思想。与木材一

样，竹板材纹理清晰美观、色泽均匀、可降解、可回收利用，此外经加工的竹板材各项性能指标均高于木板材（如抗压、抗拉、抗弯、干缩、耐磨性能等），经高温碳化处理的竹板材更是各方面性能均优于一般木材，具有很强的稳定性，使用年限可长达25~30年。目前还有一种室外重竹（重组竹）地板，是根据重组木的制造工艺原理，以竹材为原料加工而成的一种新型竹板材，重组竹的构成单元是网状竹束，是先将竹材疏解成通长的、相互交联并保持纤维原有排列方式的疏松网状纤维束，再经干燥、施胶、组胚成型、冷压或热压重组而成的竹板材。重竹地板对竹材的利用率更高，硬度高、强度大、冲击韧性好、耐磨损、耐吸水、变形小、甲醛释放量低，在同等尺寸上的力学指标要比一般木材和竹材更优。虽然竹板材在我国的发展历史仍较短，但就国外市场而言，这一生态建材已被普遍接受和认可，目前国内竹板材的产品性能已有较大提升，在价格上也相对适中，约介于强化地板和实木地板之间，但由于市场惯性等因素，目前尚未得到大幅度的推广与应用。

室外竹地板的选择要根据使用场所和当地气候进行综合考虑，如果是用在雨水多，湿气重的地方，则必须选择防潮防水性能强的板材，且板材间应留有适当的缝隙，以保证雨水的下渗。室外防腐碳化重竹地板采用不锈钢金属扣件及自攻螺丝固定和安装，为保证雨水的排除与下渗，用于室外的板材宜选用四面平、表面开防滑槽、表面拱形防积水的板材类型，而

不宜使用带企口接缝的密拼板材类型，竹板间的拼缝最小可以控制在3~5mm左右，安装时以不锈钢金属扣件进行固定后在板材两端距离端头30mm处以自攻螺丝将竹地板固定至下层龙骨上，3~5mm的缝使宽普通生活垃圾不会从缝隙落入下层龙骨，但地面雨水可方便地从缝隙中渗入地面，或落入龙骨层内经由排水沟或雨水沟进行收集。此外安装时还需注意竹地板之下的龙骨层不宜固定于现浇混凝土垫层之上（具有渗透性能的无砂混凝土垫层除外），而应选择具有透水性能和能够持力的垫层，或在不透水垫层之上敷设引流设施等将雨水汇入雨水储存装置。在休读点庭院的设计中，我们将阳光走廊、咖啡屋、阅读室的地坪以钢结构抬高了750mm（与图书馆室内地坪齐平），因此竹地板下层的龙骨安装于抬高的钢结构之上，暴雨时竹地板面层的雨水可经过板间的缝隙下落至庭院地面进而渗入地下或成为地面径流流入中央的下沉式绿地。

（5）下沉式绿地

将雨水渗透到地面之下蓄积起来的方法除去使用透水地面之外，还可以利用"下沉（凹）式绿地"进行回渗收集。"海绵城市"概念中的"下沉式绿地"是指"低于周边地面标高、可积蓄、下渗自身和周边雨水径流的绿地"，此类绿地可在地面以下形成蓄水下渗空间。下沉式绿地有狭义和广义之分，狭义的下沉式绿地指低于周边铺砌地面或道路在100~200mm以内的绿地；广义的下沉式绿地则泛

指具有一定的调蓄容积，且可用于调蓄和净化径流雨水的绿地，包括生物滞留设施、渗透塘、湿塘、雨水湿地、调节塘等；此处的下沉式绿地指狭义的下沉绿地。新建下沉式绿地，在设计时应调整好铺装地面（或路面）高程、绿地高程、（将雨水引入绿地的）雨水口高程的关系，铺装地面（或路面）高程高于绿地高程，雨水口设于绿地内，雨水口高程高于绿地高程而低于路面高程。对于已有绿地，可以采用围埂将绿地围起，即围绕草坪垒砌约100mm高的边沿，并适当降低绿地高程（一般降低100~200mm），做成下沉式，将周围的地面径流尽可能引入绿地中，以回渗和收集雨水。下沉式绿地的下沉深度要根据绿地的土质、汇水区面积、绿地面积和植被种类等综合考虑。下沉式绿地对于补充地下水、控制径流总量有着很好的作用，此外具有使用范围广、建设及维护费用低等特点，因此可大量使用。《南京雨水综合利用技术导则（2014）》即规定："凡涉及绿地率指标要求的建设工程，绿地中应有30%作为滞留雨水的下凹（沉）式绿地"；最新的《上海市海绵城市建设指标体系（2015）》规定，"建筑与小区系统"的下沉（凹）式绿地率新建地段的标准要达到10%以上；"绿地系统"的下沉（凹）式绿地率新建与改建地段的标准要分别达到10%与7%以上。

在休读点庭院的概念设计中，我们即将位于中心的大面积绿地（生态现浇植草地坪之内）设计为"下沉式绿地"。具体的做法是在生态现浇植草地坪与下沉式绿地之间垒砌约100mm高的边沿，同时挡水边沿带有开口，使下沉式绿地可以接纳绿地周边的地面径流，绿地内种植耐旱耐涝品种的草坪，草坪之下为厚度250mm以上的种植土，再下侧为100mm厚中粗砂及塑料储水模块（PP模块）系统。由于下沉式绿地的蓄水容积有限，因此还需在高出绿地50~100mm的位置设置溢流式雨水口，以应对径流峰值，暴雨时无法为下沉式绿地所容纳的雨水即通过溢流式雨水口排入雨水收集系统及雨水储存系统，设

计将格栅式溢流式雨水口布置于下沉式绿地中条石座椅的侧面，与庭院景观设施的设计与布置结合起来。

二、雨水利用的"直接"方式

除去"间接"方式的雨水利用（"下渗减排"）之外，"海绵庭院"还应积极采用"直接"的方式，充分将雨水进行主动的收集回用（"集蓄利用"），也即地下或地面调蓄设施的设计与布置。最新的《上海市海绵城市建设指标体系（2015）》规定，"建筑与小区系统"的雨水资源利用率新建与改建地段的标准均要达到5%以上，而"绿地系统"的雨水资源利用率新建与改建地段的标准要分别达到10%与5%以上。

雨水的收集回用系统包括前后相连的四大部分，即：①雨水收集系统；②雨水存储系统；③雨水处理系统；④雨水回用系统。

1. 雨水收集系统

按照降雨时城市受水面的类型，我们可以将"海绵庭院"中的雨水分为屋面雨水、绿地雨水、路面（地面）雨水等类型，因此雨水的收集系统即包括屋面雨水、绿地雨水、路面（地面）雨水的收集。休读点庭院的设计中，屋面的雨水收集主要通过屋面雨落管直接排入庭院的雨水管网，在设计时不仅考虑了图书馆原有建筑屋面的雨水收集，还考虑了修读点新建建筑屋面的雨水收集；绿地的雨水收集一方面利用雨水的自然渗滤在下部布置塑料储水模块（PP模块）进行蓄集，另一方面通过下沉式绿地的溢流式雨水口将暴雨径流的雨水收集至庭院的雨水管网；路面（地面）的雨水收集则主要通过敷设于透水地面基层的引流管或排水管等进行收集，其余的地面径流则通过场地坡度进入下沉式绿地的溢流式雨水口并收集至庭院雨水管网。由于降雨初期的地面径流污染较大、污染物较多，因此在收集之后还需进行截污及初

期雨水的弃流，以降低雨水后期处理的难度。截污主要使用雨水截污挂篮装置拦截降雨初期污染严重的垃圾（如树枝、树叶等）；弃流则包括传统的容积法弃流、水流切换法弃流等，目前较新的市场产品还有带初步过滤功能的雨水弃流装置以及雨水电动弃流装置，弃流雨水经过处理后排入市政污水管网由污水处理厂集中处理；而经截污及初步过滤与弃流后的其余雨水则进入雨水储存系统。

2. 雨水储存系统

雨水储存系统包括小型储罐系统、塑料储水模块等，目前在建筑庭院或景观环境中较常用的是塑料储水模块，即PP模块。PP模块采用优质回收的聚丙烯（PP）为原材料，具有很高的强度和韧性，承载力根据埋深的不同可达25~60t，可满足地面作为机动车道、消防车道或消防登高场地的要求；此外PP模块经水浸泡无异味，无析出物，具有较强的耐强酸、强碱和耐高低温性能，经久耐用，孔隙率大，孔隙率高达95%左右，是传统砾石孔隙率的3倍左右，便于蓄水。此外PP模块采用分体式模块化的组合方式，运输方便，施工安装简易，可适应场地形状组合成任意形态，施工无须大型机械，施工周期短（有些可做到当天开挖当天回填），时间成本、人工成本、运输成本、后期维护成本均较低，此外用材绿色环保，可再回收利用。

设计中将PP储水模块布置于庭院中心下沉式绿地之下，开挖沟槽地基的面积较PP组合模块雨水箱的面积略大，沟槽底部的地基夯实平整后铺设100mm厚砂床（或压实系数大于0.98的碎石），砂床之上及地基四周铺设土工布一层、防渗土工膜一层（土工布与防渗土工膜的组合用于雨水收集几桶），将PP模块同层用横向连接件连接、分层铺设，层与层之间以纵向连接件连接，将防渗土工膜、土工布包裹PP模块组合而成的储水箱体并按产品要求密封防渗土工膜及土工布，沟槽的四周和土工膜、土工布顶

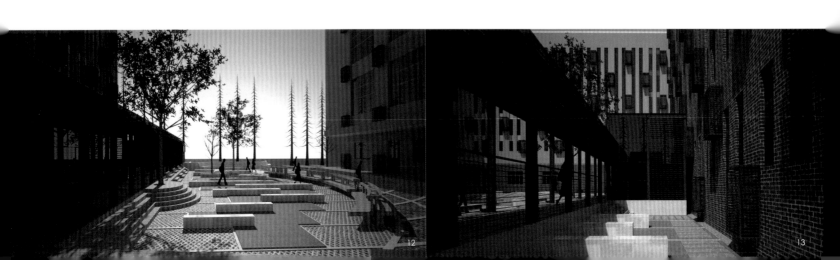

一、前言

伴随着快速城镇化进程，我国的城市建设面临着生态环境保护缺失、雨洪管理失调、慢行交通不畅、乡土文化保护不利等诸多城市问题。其中，城市内涝问题愈演愈烈，水生态环境持续恶化问题尤为突出。

自2013年底，习近平总书记提出海绵城市建设号召后，海绵如浪潮快速席卷了全中国。2015年，国家确定了16个海绵城市建设试点城市（后又增加了三亚市），预计2016年国家级海绵城市建设试点城市将再增加40~50个。同时，国发办2015（75）号文更提出到2020年城市建成区20%以上面积、2030年城市建成区80%以上面积达到海绵城市目标要求。这对目前还在完善阶段的海绵城市建设相关理论概念、规范、技术指南等提出了更高要求，必须要科学合理、能落地、切合实际。

然而，目前大部分海绵城市的研究主要聚焦在LID、水敏性城市等西方生态雨洪管理技术上，对城市治水系统还是更多依赖对排水管网的"工程性措施改造"上，在未来即将进行的大范围海绵城市建设浪潮中，很有可能无法以全局的视角来解决水问题，造成新一轮的"修建性破坏"，解决了城市排水却带来其他的生态问题。

二、城市背景

界首市位于安徽省西北部。南与临泉县和颍泉区接壤，东与太和县为邻，西北与河南省的沈丘、郸城两县交界。属沉积平原，地势平坦。海拔高度在32.5 m至38.2 m之间，相对高度5.7 m，西北稍高于东南，自然坡降为1/10‰~1/7‰。平原地表并不平整，可分为北、中部黄泛平原区和南部河间平原区两部分。

境内主要有颍河、泉河两大水系。颍河水系控制面积约占全县总面积的47%；泉河水系控制面积约占全县总面积的52%。余为茨谷河水系。颍河源出河南省登封市嵩山南麓，自西北而东南，由沈丘县刘湾村入境，流经县境中部，东至张庄出境入太和县，东南经阜阳、颍上，至沫河口与淮河成"T"字形相汇。泉河水系地势低洼，北高南低，河沟流向基本上南下入泉河。

界首市文化底蕴丰厚，以彩陶和剪纸为亮点的城市文化得以保留和传承。人文荟萃，出现了以刘福通为代表的一批历史人物。

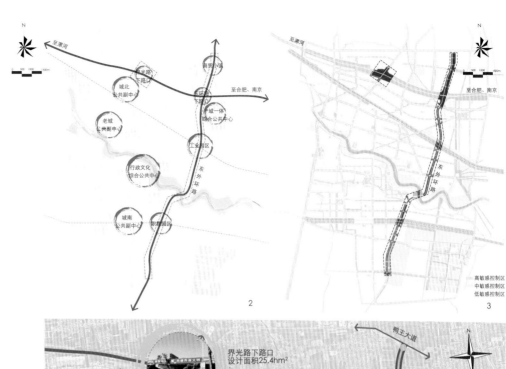

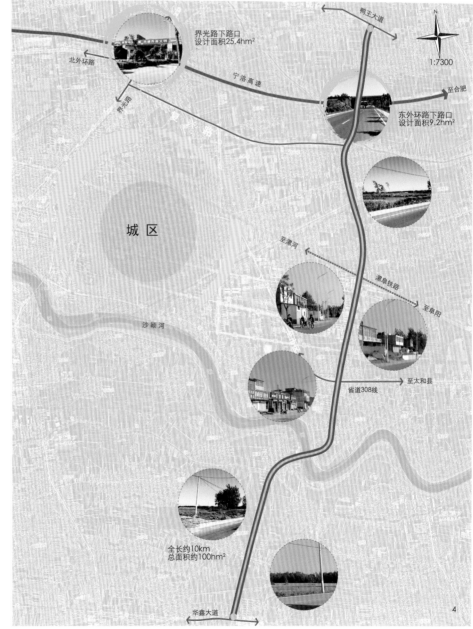

5

5.生命之核效果图
6.一廊七段总体结构图
7.生命之核平面图

三、项目概况

1. 项目位置

东外环路高速下路口是外界进入界首的第一门户。东环路贯穿界首城市南北，是下高速车流进入东城片区、颖南片区、大黄片区的必经通道。界光路高速下路口，作为进入老城区的通道口，也是对外形象展示的窗口。东环路作为城市的主要干道，连接高速出入口，是外部到达城市核心区域的最便捷通道。是联系界首和省会合肥的最便捷通道口。

界光路高速下路口，作为进入老城区的通道口，也是对外形象展示的窗口，因此，将界光路高速下路口作为本次项目的次核心，提升界首老城区区域形象。同时，本项目也是界首市绿地系统的重要组成部分，是城市纵向的生态大动脉。规划延续绿道总体规划思路，将城市绿道作为设计的重要内容，构建城市慢行交通系统。

2. 设计范围及现状

（1）宁洛高速（东至合肥、南京，西至河南）

界光路下路口设计面积25.4hm²。现状基地内保留有原有栽植的树木，总体地势平坦。地块有利因素有以下：地势较为平坦，现状植被较为完整，水质较好。地块不利因素有：周边基础设施不完善，周边排水堵塞，基地现状地被种植不仅无序，而且影响到车行进入高速公路的视线感官，容易造成交通事故。

（2）东外环路（泉阳大道）北起鸭王大道、南至华鑫大道，全长约10km，道路红线50m，设计每侧宽50m景观带（含绿道），总面积约100hm²。用地四周多为农田和居民村庄，全程地势较为平坦。地块有利因素包括：基地地势较为平坦，占地较广，视野开阔，光照充足；地块不利因素有：周边的基础设施严重缺乏，植被种植单一，基地村庄杂乱差。

四、总体构思与布局

1. 设计理念：皖西北"最佳海绵城市"实践带

以生态为美，尊重自然；以乡土为特色，传承文脉；以人为本，惠及民众。

本次设计力求将海绵城市技术措施与门户景观

环境营造相结合，使其可以满足城市风貌展示、市民运动休闲、绿道游憩通行等功能。通过雨洪管理，可以有效降低两侧新建道路和新开发地块的市政设施投资，降低城市内涝概率，满足生物保护等要求。打造"一条展示城市风貌的迎宾大道、一条市民乐享的线性公园、一条缓解区域雨涝灾害的生命廊道、一条降低城市基础投入的价值廊道"。既能充分展现界首城市迎宾风貌，又能直接体现界首生态环境规划建设的水平。

2. 总体构思：构建界首迎宾景观的新框架

通过上位规划分析可知，东外环路高速下路口是外界客人进入界首的第一门户。东环路贯穿界首城市南北，是下高速车流进入东城片区、颖南片区、大黄片区的必经通道。因此，我们将东外环路高速下路口整体景观作为核心亮点，并与东外环路两侧绿地相结合，整体打造一条具有界首特色的迎宾大道。

界光路高速下路口，作为进入老城区的通道口，也是对外形象展示的窗口，因此，将界光路高速下路口作为本次项目的次核心，提升界首老城区区域形象。同时，本项目也是界首市绿地系统的重要组成部分，是城市纵向的生态大动脉。规划延续绿道总体规划思路，将城市绿道作为设计的重要内容，构建城市慢行交通系统。

3. 总体结构：一廊、两核、七段、多点

一廊——蓝绿交融汇一廊：是指东外环路两侧的景观绿廊。

两核——聚焦文化迎来宾：是指以彩陶文化为主题的东外环高速下路口景观核心和以剪纸文化为主题的界光路高速下路口景观核心。

七段——七彩舞动绘名城：通过分析，道路两侧土地分别规划有商业区、办公区、产业园区、居住区、文化教育区等不同功能分区，结合这些规划分区，并充分挖掘界首市丰富的文化、艺术、历史背景，形成以下七个主题功能段：

炫丽盛景：以杂技文化为主题的商业休闲段；

彩孕新秀：以彩陶文化为主题的形象展示段；

绿韵群英：以自然为主题的商务休闲段；

工业新风：以工业文化为主题的办公休闲段；

华彩悦章：以梆剧为主题的居住休闲段；

厚德载物：以历史名人为主题的文化教育段；

慢城阡陌：以自然田园为主题的科普教育段。

多点——五彩斑斓现生机，是指七彩绿廊中分布的众多景观节点。

五、分段详细设计

1. 炫丽盛景段

北起鸭王大道南至民丰路，长约1km。周边规划为未来的商贸小镇，沿线用地以商业为主。本段绿地设计以杂技表演为主题，通过休闲场地、景观绿地和水系的自由式空间组合，以及主题雕塑和景观小品点缀体现杂技文化内涵。打造成未来商贸小镇的商业休闲公园带。

植物种植以乡土树种为基调树，以多年生草本野花组合为特色地被。雨水湿地带配以丰富的湿生植物，景观节点处配以特色景观树种。

2. 彩孕新秀段

北起民丰路南至阳城路，长约1km。该段规划为未来的高速路下路口，沿线用地为工业和公共服务设施。该段绿地以防护和形象展示为主要功能。该节点是本次项目的最核心节点。设计以彩陶为主题，通过图形化的彩陶平面布局和具有视觉冲击力的主题构筑物打造界首标志点。

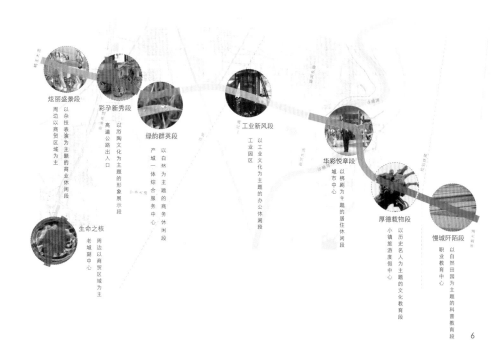

炫丽盛景段
周边以商贸区域为主

彩孕新秀段
以杂技表演为主题的商业休闲段

绿韵群英段
高速公路出入口

工业新风段
以疗陶文化为主题的形象展示段

工业园区

以自然为主题的商务休闲段

城市中心

华彩悦章段
以工业文化为主题的办公休闲段

厚德载物段
以梆剧为主题的居住休闲段

慢城阡陌段

生命之核
老城副中心

周边以商贸区域为主

小镇旅游度假中心

以历史名人为主题的文化教育段

职业教育中心

以自然田园为主题的科普教育段

6

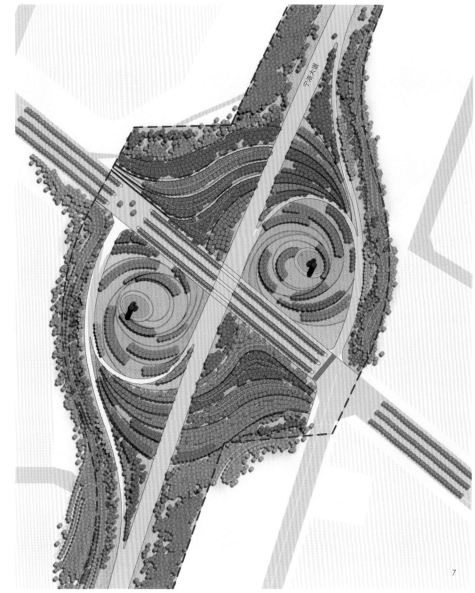

宁洛大道

7

8

9

该段植被以隔离绿化为主,乔灌草和湿地植被相结合,层次丰富。

3. 绿韵群英段

北起阳城路南至界洪河,长约1km。周边规划为未来的产城一体综合服务中心,沿线用地以商业为主。本段绿地服务周边商业,设计以自然为主题,丰富的水景,流线型的场地及自由组合的植物景观,营造清新的商务休闲氛围,打造未来综合服务中心的商务休闲公园带。

植物配置以乡土树种为基调,以生产性和乡野植物为特色营造景观节点。

4. 工业新风段

北起界洪河南至颍河东路,跨越漯阜铁路,长约3km。周边规划为未来的东城工业区,沿线为工业用地。本段绿地服务园区办公,设计以工业文化为主题,通过景墙、构筑物等表达工业的发展历程、展现工业新风貌。打造一条特色的办公休闲公园带。

植物配置以乡土树种为基调,地被种植以乡野为特色,经济作物作为点缀。

5. 华彩悦章段

北起颍河东路南至淮河路,长约2km,跨越沙颍河。周边规划为未来的城市中心区。沿线用地以高端居住、旅游度假。设计以梆剧为主题,并将戏曲柔美的元素作为设计的语言,通过流线的空间组织,特色小品构筑物的点缀,打造宜人尺度的社区休闲公园带。

植物种植以乡土树种为背景,生产性景观种植与都市中心形成对比。

6. 厚德载物段

北起淮河路南至汾河路,长约1km。周边规划为未来的职教园,沿线用地以教育为主。设计以绿为底营造开敞的绿色和雨水湿地空间,通过小品、人物雕塑点缀,体现界首人文荟萃的主题,打造城市文化教育公园带。

植物种植以乡土经济树种、乡野地被和丰富的水生、湿生植被为主。营造清新的自然风格。

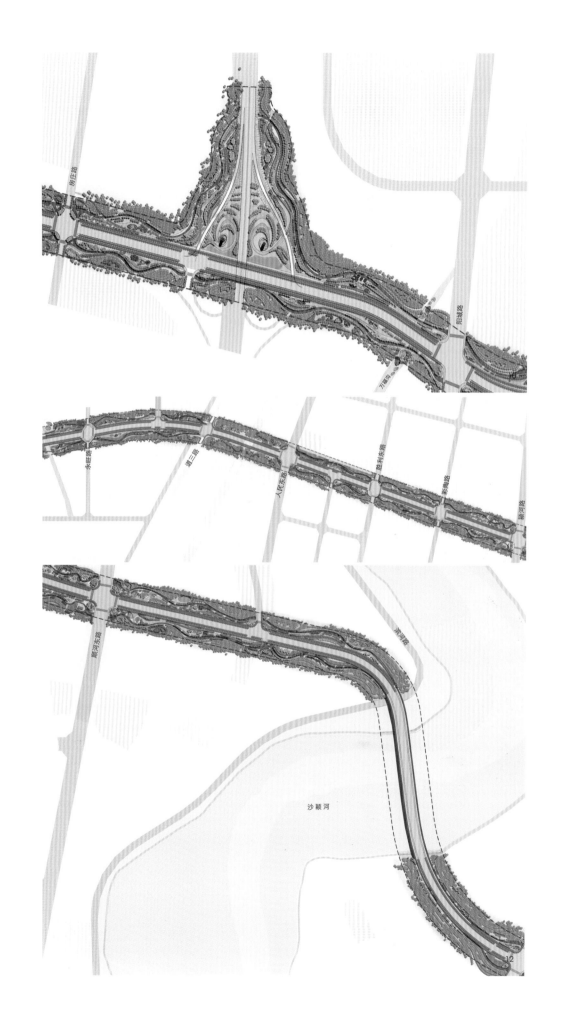

7. 慢城阡陌段

北起南汾河路南至华鑫大道，长约1.5km，是进入城区的南入口。周边规划为未来的职教园，沿线用地以教育、居住为主。设计以自然田园为主题，通过大面积的雨水湿地和蓄水塘形成视线通透的开敞空间，丰富的农作物和经济树种绿化体现城市诗意般的慢生活，打造都市田园公园带。

植物种植以生产性、经济性种植为特色营造都市田园的氛围。

8. 生命之核

位于界光路高速路下路口，面积约25.4hm²。是外部进入老城区的出入口。周边规划为未来的城北公共副中心，设计以剪纸艺术为主题，提炼剪纸纹样作为设计语言，形成两个寓意为生命的生命核。通过地形的塑造和具有韵律感的树阵组合，形成具有视觉冲击力的大地景观，地形的设计随着匝道的高度变化而变化，为交通提供开阔的视线效果。结合主题构筑物，打造一个激发旧城活力，展现城市形象的新名片。

植物种植以乡土植被作为背景林，中心景观以乔木、草地和湿生植物为主，打造简洁的大地景观效果。

六、海绵筑道—突显技术与景观完美融合

海绵城市是指城市在适应环境变化方面具有良好的"弹性"。下雨时吸水、蓄水、渗水、净水，需要时将蓄存的水"释放"并加以利用，对加强雨水自然渗透、减小地表径流、减小市政排水压力、改善水质等起到重要作用。我们以"彩孕新秀"景观段为例，介绍设计如何将海绵城市技术措施与门户景观营造相结合。

设计依据《海绵城市建设技术指南》，以LID（Low Impact Development）及"渗、滞、蓄、净、用、排"六字方针为技术手段进行设计。

首先，构建场地水体的自然形态，通过增加叠石排水沟、雨水花园、蓄水区等元素，构建水系网。将周边绿地、透水路面、停车场等不同场地里的雨水，通过生态排水沟汇集到小型雨水收集池，形成多个雨水花园，最后再通过排水沟汇集到湿地蓄水区，在雨季，这些排水沟、收集池形成叠石溪流、小水潭

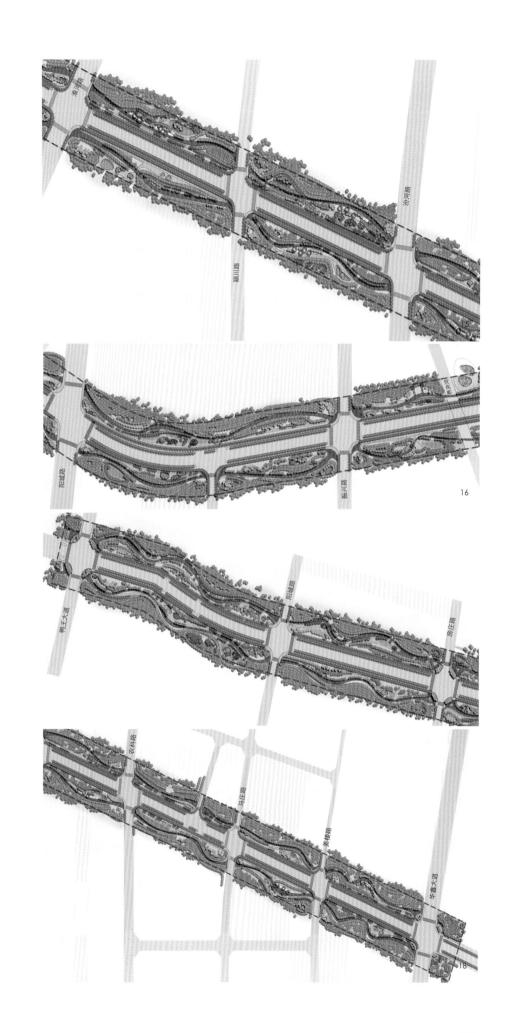

的效果，汇水区则能形成景观大水面的效果，结合彩陶主题雕塑，从匝道上望去，视野开阔，气势恢宏，汇水区超过设计标高的水体则可以通过溢流沟排到附近河道或市政雨水管网；在旱季，这些排水沟、收集池则是旱溪叠石景观，汇水区则形成自然生态的低洼湿地景观效果。

雨水湿地的建设还可以创造多样的生物栖息地，为生物的迁徙流通提供安全通道。以生产性和乡野植物为特色的低成本维护绿廊为栖息生物提供食物。同时还能减少对市政管网工程的投资，净化后的水体可用于绿化灌溉以及景观水系补水水源，节约灌溉用水。

七、结束语

在新型城镇化道路中，我们应致力于成为引领绿色基础设施理念在城乡实现全覆盖的实践者。在关注城市基础设施转型提升的基础上，重新认识其自然资本的功能定位和生态服务价值，实现新时期健康的城镇化发展。本次项界首市高速下路口、东外环路景观绿化设计以生态为美，尊重自然；以乡土为特色，传承文脉；以人为本，惠及民众。我们相信，作为界首的迎宾大道和海绵城市建设的示范工程，必将为界首市的可持续发展留下浓墨重彩的一笔。

作者简介

张金波，上海同济城市规划设计研究院，景观规划设计师；

杨 欣，重庆大学，景观设计师；

杜 爽，同济大学建筑与城市规划学院，博士研究生。

海绵城市理念下水环境综合治理工程方案设计
——以厦门市乌石盘水库综合整治为例

The Conceptual Design of Water Environment Comprehensive Improvement in the Perspective of Sponge City
—The Case of Xiamen Wushipan Reservoir Project

郭思元　王宝宗　刘云胜
Guo Siyuan　Wang Baozong　Liu Yunsheng

[摘　要]　厦门市乌石盘水库综合整治工程为厦门市海绵城市示范项目，在该项目方案设计中按照海绵城市设计理念，采用截污、渗滤、净化等手段，结合原位生态治理、微生物强化处理等方法进行设计，以期达到海绵城市要求的水量、水质、水生态等目标。

[关键词]　海绵城市；低影响开发；生态治理

[Abstract]　Comprehensive improvement project of Ximen Wushipan reservoir is demonstration project on Ximen sponge city. Basing on the design principle of sponge city, this project takes a series of actions such as the sewage, filtration and purification, combining with the in-situ ecological management, microbial enhanced processing method to carry on the design. This project aims to meet the requirements of the sponge city, including water quantity, water quality, and water ecological goals.

[Keywords]　Sponge City; Low Impact Development; Ecological Management

[文章编号]　2016-72-P-094

乌石盘水库位于厦门市翔安区新店镇钟宅社区，总库容24万m³，有效库容12万m³，所在流域为蒲元溪，是一座以灌溉为主兼有防洪、养殖功能的小型水库，该水库为V类工程。

根据厦门市政府要求，翔安新城纳入海绵城市试点，位于区域内的乌石盘水库需按照海绵城市要求进行水环境综合整治，水质要求达到地表水Ⅳ类水标准，将水库打造为集生态环境保护、市民健身休闲、实地科普教育等功能一体的区级综合性公园。

一、现状及问题分析

1. 水质现状及问题

为准确了解库内水质情况，2015年11月进行了水质实地取样与监测。

根据水质监测数据分析，乌石盘水库水质为地表水劣V类，主要超标污染物为TN、TP及COD。采用EI指数法评价水体的富营养化程度，按公式（式中：EI—营养状态指数，En—评价项目赋分值；N—评价项目个数）计算营养状态指数（EI），计算结果为82，评价结果为乌石盘水库水体处于重度富营养

化状态。

经分析污染物来源发现，CDO的主要来源是降雨径流污染（初期雨水污染），NH3-N的主要来源是降雨径流污染及农村生活污染，TP的主要来源主要为畜禽养殖污染及降雨径流污染。要实现水库水质达标，必须削减进入水库的各类污染物总量，特别是降雨径流污染物的削减。

2. 水量现状及问题

翔安区属于南亚热带季风气候，气候温和，雨量充沛，多年平均降雨量达1 243.1mm，降雨季节性明显，雨季降雨量占全年降雨量的80%以上，时空分布不均。乌石盘水库为平原水库，上游无稳定水源，水库补水主要靠周边雨水汇流，同时，因水库库容有限，无法有效储存雨季雨水，导致水库目前处于晴天一潭死水，雨季一库污水的情况。要实现海绵城市要求的目标，需解决水库补水及水库死水的问题。

3. 水生态现状及问题

乌石盘水库处于翔安大道边，翔安大道虽建设了绿道系统，但景观效果一般。水库内偶见白鲫鱼、

罗非鱼等野生鱼类。水库护岸主要是未经人工整治的在草丛生的自然边坡，生态性较好，部分堤岸为浆砌石结构，生态性和亲和性不佳，不符合生态理念。水库护岸需按照海绵城市要求进行生态化改造。

二、设计理念

根据水库现状及存在的问题，以水质达标，水量充沛、生态良好为目标，以削减污染物及原位生态治理改善水质，以扩容蓄水及强化水循环补充水量，以建设生态岸线及生态治理恢复水生态三个方面进行乌石盘水库水环境综合整治。

根据海绵城市"自然积存、自然渗透、自然净化"的设计理念，综合运用"渗、滞、蓄、净、用、排"等具体工程及管理措施，综合治理水库水环境，实现"水安、水净、水美"的治理目标。

三、综合整治内容

1. 污染物削减

乌石盘水库周边道路正在规划中，其配套的市

政管网尚未建成，导致周边农村污水未经处理直接排入水库污染了水体。同时，地表径流雨水特别是初期雨水中含有大量污染物直接进入水库污染了水体，导致水库富营养化。

针对水库污染源情况，设计建造两座"复合生物滤池-高负荷人工湿地系统"来进行处理。

复合生物滤池反应器采用了特殊的组合式结构设计和复合滤料，克服了传统生物滤池易堵塞等缺点，极大地提高了反应器的处理效率和稳定性，具有处理效果好，处理效率高结构简洁，建造成本低廉，低能耗，操作管理简便，运行费用低和占地小等多方面的优点，同时反应器还具有一定的脱氮除磷能力，并且耐冲击负荷。

污水处理站前设调节池，降雨时收集初期雨水，容积400m³，处理后出水达到地表水Ⅳ类标准排入水库；旱季时抽取库内水进行循环处理，对库内水中P进行吸附处理，并降低水体中TN，处理后水排入水库，实现水体循环流动，实现"无源活水"的效果。

水处理构筑物中格栅池及调节池采用全地下式，滤池房采用地上式，按闽南建筑风格设计；人工湿地与海绵城市统一布置，采用潜流人工湿地形式。

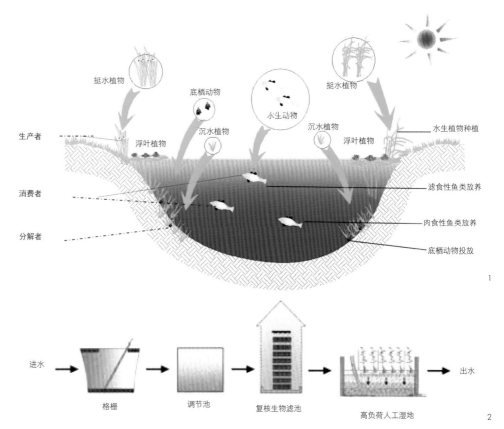

1.原位自净水生态系统原理图
2.复合生物滤池-高负荷人工湿地工艺流程图

2. 水量补充设计

（1）利用污水处理系统中400m³调节池储存雨水及污水，经处理达标后排入水库，补充水库水。同时利用污水处理系统循环水泵，强制对水库水进行循环处理，实现"无源活水"的效果。

（2）接规划中翔安污水厂的中水管道，引中水进海绵城市湿地处理后进水库，补充水库水，日补充中水量425m³/d。

（3）采用绞吸式环保清淤方式对水库库底进行清淤，清淤深度20cm，清淤后增大库容16 000m³。

3. 水生态恢复治理

（1）原位生态治理设计

根据本项目水体实际情况，本次生态修复采用原位生态修复技术。原位生态修复充分利用和模拟自然界健康水体自净机理，恢复和重建水体食物链，强化水体污染物的分解和氮磷等营养盐的去除，使景观水体始终趋于贫营养化状态，最大限度提升水体免疫力和自净能力，使景观水体持续清澈透明。其主要特点为采用纯生态的建设方式，选用材料主要为水生动植物，建设措施不会对环境造成污染或者破坏。

本项目根据水库实际情况，在水库库周浅水区

表1				乌石盘水库中游水质监测结果					
指标	COD	NH3-N	TN	TP	SS	DO	叶绿素	透明度	水温
单位	mg/L	mg/L	mg/L	mg/L	mg/L	mg/L	μg/L	SD (cm)	℃
数值	15.67	1.10	6.20	0.547	62.24	4.54	110.48	25	25.2

表2				主要建、构筑物一览表		
序号	构筑物	长/m	宽/m	高/m	规格	备注
1	格栅池	17.60	0.80	3.90	54.90m³	格栅各一道
2	厌氧调节池	17.60	11.28	3.90	774.25m³	—
3	复合滤池房	17.60	11.28	3.50m	198.53m²	—
4	中间池	17.6	0.80	3.90	54.90m³	—
5	高负荷人工湿地	19.20	28.20	2.30	541.44m²	两组并联，尺寸按实调整

种植挺水植物，在水深较深的库中设置生态浮岛，植物选择以耐污、净化能力强及易养护管理的本土物种为主。在水库中放养鲫鱼、罗非鱼等本地野生鱼，形成完整的食物链系统。

（2）微生物处理系统

目前水库水体水质较差，透明度较低，水生态系统结构单一，水生植物对污染物的吸收同化能力严重缺乏。原位生态系统建设完成以后，在人工干预下实现半生态的生态系统，为快速实现水库的生态性并长期保持，本次增设微生物活化系统进行强化处理。

微生物活化系统原理是基于改性悬浮填料结合传统水体净化的生物膜技术，驯化本土微生物有益于污染物去除的优势菌种，打破水体中原有微生物的平衡状态；新增的微生物量逐级激活生态食物链中的上级消费者，同时配合多样性水体植被净化技术，逐步改善水生动植物系统的生长环境，促使水体生态系统恢复自净能力，实现整个水体生态系统的恢复。

本次设计沿水库周边布设8套微生物活化设备，连续不断激活水体本土微生物，使之不断大量繁殖，利用水体持续的微循环，不断地释放到水体中，强化水体的自身净化能力。

（3）护岸生态化改造

位于水陆交错区域的护岸，具有水库防洪、水土保持、面源污染防治、生态保育、亲水空间构造等诸多功能，护岸设计需充分考虑水、陆、空三方的协调统一，方能实现护岸的生态功能。本次乌石盘水库护岸按照生态护岸进行设计，主要采用植生型砌块复合型护岸。

植生型砌块护岸是以人工预制混凝土砌块作为护面层单元的一种铺砌式岸坡保护结构，通过规则的块型和一定的铺砌方式，使相邻砌块相互作用共同防护岸坡，利用砌块开孔及砌块间的缝隙生长植物，具有一定的防冲刷能力，同时也具有一定的生态亲和性。

（4）微地形改造

微地形改造的目的主要是将库底建造成适宜不同水生动植物生长繁殖的多样化生境，局部营造高低起伏的水下地形，丰富水下生境条件，最终形成适宜不同水生植物生长繁殖水生动物生存的连续而又富于变化的生境基地，提升水系的生态健康水平。

本方案设计将库底平坦、无地形起伏的水库库底清淤后改造成深潭与浅滩交错的高低起伏地形，在靠近堤岸部分设置浅滩，在库中设置深潭。对库底基质通过抛石等措施进行生态化改造，并设置部分人工鱼巢，为鱼类的繁衍生息提供庇护场所。

4. 海绵城市建设

根据海绵城市建设要求，结合污染物削减、水量补充、水生态恢复等具体措施，统筹考虑滨岸带建设与水库生态护岸建设的有机统一，实现海绵城市的建设目标。

河湖滨岸带建设是海绵城市重要的组成部分。滨岸带可存蓄宝贵的雨水资源，同时可消纳雨水带来的径流污染并美化生态景观。本次设计在滨岸带内设置植草沟、下凹式绿地等具有"渗、蓄、滞、净、用"等低影响开发设施，以起到地表径流拦截净化、土壤下渗及蓄水作用，同时在滨岸带内建设慢行道、休憩广场及亲水平台等娱乐设施。本次水库滨水带带按不低于30m进行设计，坡度以2°~6°为宜。

四、目标可达性分析

通过实施污染物削减的各项工程措施，结合海绵城市滨岸带建设的植草沟、下凹绿地等具有的自然净化能力，可有效削减地表径流污染，N、P等主要污染物去除率达到90%以上，水库水质有较大提升，富营养化程度得到极大改善。

生态化改造及微生物强化处理系统的建设，可进一步去除水体中的污染物，进而净化水质，确保水体水质基本达到地表水Ⅳ类水标准。同时随着水生态明显改善，景观效果得到大大提升，实现"水安、水美、水净"的目标。

海绵城市建设有效的存蓄了雨水，配合中水回用管道的建设有效地改善了水库缺水的问题，同时水循环系统不但净化了水质，还实现了水库水资源的循环利用，实现了"无源活水"的效果。

五、结论

根据海绵城市建设理念，通过设置植草沟、下凹式绿地等具有"渗、蓄、滞、净、用"等低影响开发设施，结合污染源削减、生态及微生物修复工程等措施，实现了乌石盘水库水质达到地表水Ⅳ类水的标准，水环境、水生态得到明显改善，实现了"水安、水净、水美"的目标。

参考文献

[1] 何造胜. 论海绵城市设计理念在河道水环境综合整治中的应用[J]. 水利规划与设计，2016（01）：39–42.

[2] 邓志光，吴宗义，蒋卫列. 城市初期雨水的处理技术路线初探[J]. 中国给水排水，2009，25（10）：11–14.

[3] 郭思元，王宝宗等. 厦门市水资源保护规划[R]. 厦门水务规划设计研究有限公司，2015，115–117.

[4] 张俊，王宁，等. 厦门翔安新城海绵城市建设试点区水环境综合整治实施方案（评审稿）[R]. 上海勘测设计研究院有限公司，厦门市城市规划设计研究院，2016，95–101.

[5] 宋芸. 海绵城市概念在城市滨水景观设计中的应用[J]. 现代园艺，2016（01）：93.

作者简介

郭思元，博士，厦门水务规划设计研究有限公司，总经理，高级工程师；

王宝宗，厦门水务规划设计研究有限公司，工程师；

刘云胜，同济大学建筑与城市规划学院，博士后，上海同济城市规划设计研究院，主任规划师。

海绵城市详细规划方法探讨
——以安亭新镇二期为例

Methods Exploration of Sponge City Detailed Planning
—A Case Analysis of Anting New Town Phase II

董天然 全先厚
Dong Tianran Quan Xianhou

[摘　要]　本次研究以安亭新镇二期控制性详细规划为例，探究了如何在详细规划阶段落实海绵城市建设。文章主要对技术框架、控制目标、指标体系、规划措施、技术选择等方面进行了研究，望能为其他区域的海绵城市建设提供参考。

[关键词]　海绵城市；城市规划；指标体系；安亭新镇二期

[Abstract]　By the case analysis on regulatory detailed planning of Anting New Town Phase II, this paper investigate the method of implementing the construction of sponge city at the stage of detailed planning. This paper mainly focus on technological framework, index system, planning measures, technology options and so on, attempting to provide reference for other regional's construction of sponge city.

[Keywords]　Sponge City; Detailed Planning; Index System; Anting New Town Phase II

[文章编号]　2016-72-P-097

一、引言

以往"快排式"传统排水模式破坏了城市所在区域的正常水循环，"城中观海"、地下水不足等城市水问题日益严重。海绵城市遵循"渗、滞、蓄、净、用、排"的六字方针，统筹考虑内涝防治、径流污染控制、雨水资源化、水生态修复等多个目标，建设生态排水设施，充分发挥城市绿地、道路、水系等对雨水的吸纳、蓄渗和缓释作用，使城市开发建设后的水文特征接近开发前。

自2014年2月，住房和城乡建设部明确提出海绵城市工作任务以来，北京、南京、广州、西安、厦门、南宁、许昌等城市先后展开海绵城市创建工作，福建、安徽和海南等省份则提出要在全省展开试点工作，海绵城市创建工作已初具规模。住房和城乡建设部的统计数据表明：截至2015年10月，全国已有130多座城市制定了海绵城市建设方案，国家确定的试点城市已达16座。

目前我国海绵城市建设尚处于起步阶段，现有城市详细规划未涉及或虽有提及但多停留在概念阶段。本文将以安亭新镇二期控制性详细规划为例，探讨如何将海绵城市理念融入详细规划，确保海绵城市建设顺利实施。

二、项目概况

作为上海市重点发展的"一城九镇"之一，安亭新镇是上海西北翼重要门户地区，北靠安亭汽车城核心区、南邻沪宁高速公路、东侧紧邻黄渡老镇，与市中心、虹桥枢纽及花桥国际商务区交通联系密切，位于"沪宁发展轴线"对接长三角的前沿位置，交通区位优势明显。

根据在编的《安亭镇总体规划（2014—2040）》，安亭新镇二期的目标定位：具有德式风貌特色的居住社区，主要承担安亭镇区和汽车城的居住配套服务，平衡区域职住关系，形成与城市其他功能板块的互动和融合。

规划区域总面积153.24hm²，现状农用地106.92hm²，占总用地的69.8%，开发建设条件较好，生态环境良好；现状建设用地29.06hm²，占总用地的19.0%，其中以六类住宅组团用地和一类工业用地为主，整体建筑质量较差；现状水域17.25hm²，占总用地的11.2%，水环境基底较好，具有良好的生态环境提升潜力。

表1　　　　　新镇二期现状用地情况

用地名称		用地面积（hm²）	比例（%）
建设用地	六类住宅组团用地	8.29	5.41
	一类工业用地	9.87	6.44
	公路用地	6.30	4.11
	道路交通	4.60	3.00
水域		17.25	11.26
农用地		106.92	69.78
规划范围总用地		153.23	100

三、技术路线

1. 雨水系统框架

在详细规划阶段应分解和细化城市总体规划及相关专项规划等上层级规划中提出的低影响开发控制目标及要求，根据具体项目情况选择能实现控制目标的高"性价比"方案。

2. 指标体系

（1）总体规划指标选取

详细规划的指标是对总体规划指标的细化分解，在确定详细规划指标之前必须先确定总体规划指标。《海绵城市建设技术指南》规定总体规划主要指

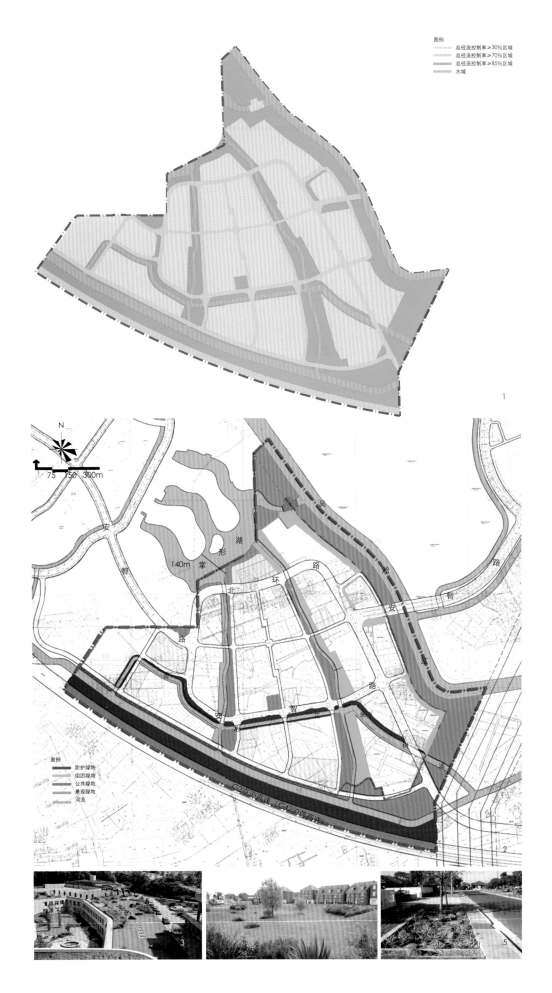

标包括：径流总量控制率、径流峰值削减量、径流污染控制率、雨水资源化利用率等。

安亭新镇二期属于亚热带季风气候，雨量充沛且现状环境质量较好，主要指标以径流总量控制率为主。规划区域尚未开发，有条件建成海绵城市试点，依据《海绵城市建设技术指南》中径流总量控制率分区图，安亭新镇二期属于Ⅲ区，径流总量控制率选取80%，对应的设计降雨量为26.7mm。

（2）详细规划指标分解

在详细规划中将总体规划提出的80%径流总量控制率进行分解，具体指标为透水铺装率、绿色屋顶率、下沉绿地率、单位面积控制容积。

由于《海绵城市建设技术指南》未对透水铺装率、绿色屋顶率等指标做统一要求，本次规划指标的选取主要参考《雨水控制与利用工程设计规划》及国内外现有项目的经验数据。

①透水铺装率（透水铺装率=透水铺装面积/硬化地面总面积）

本次规划区域透水铺装率≥70%；

②绿色屋顶率（绿色屋顶率=绿色屋顶面积/建筑屋顶总面积）

本次规划区域绿色屋顶率≥30%；

结合以上这些要求，对安亭新镇二期用地进行规划。

③单位面积控制容积

$V_{单位}=10H\varphi$

式中：

$V_{单位}$——单位面积控制容积，132.97m³；

H——设计降雨量，本次规划取26.7mm；

φ——地表综合径流系数，本次规划为0.498。

（3）地表径流控制设施用地指标

规划区域降雨总量$V=HF=40\,912$m³，通过下渗及绿色雨水基础设施进行控制。

式中：

H——设计降雨量，26.7mm；

F——规划面积，153.23hm²。

①通过下渗实现的降雨控制量$V1=V\times(1-\varphi)=20\,538$m³

式中：

V——降雨总量，40 912m³；

φ——地表综合径流系数，0.498。

②通过绿色雨水基础设施实现的降雨控制量$V2=V-V1=20\,374$m³，主要采用雨水调蓄

表2　新镇二期规划用地情况

用地名称		用地面积（hm²）	比例（%）
居住	绿色屋顶	21.45	14
	硬化屋顶	42.90	28
道路广场	透水	16.86	11
	不透水	4.60	3
绿地	下沉	24.52	16
	不下沉	21.45	14
公用市政		3.06	2
水域		18.39	12
规划范围总用地		153.23	100

表3　地表综合径流系数估算

土地类型		比例（%）	径流系数
居住	绿色屋顶	14	0.40
	硬化屋顶	28	0.85
道路广场	透水	11	0.10
	不透水	3	0.85
绿地		30	0.10
公用市政		2	0.85
水域		12	1
地表综合径流系数			0.498

表4　地表径流控制措施及相应用地指标

控制措施	雨量（m³）	占地面积（hm²）	备注
掌形湖调蓄	5 280	11	规划范围外与安亭新镇的一期统筹考虑
下沉绿地	13 722	13.79	30%绿地
生物滞留设施	1372	1.30	2.8%绿地

表5　安亭新镇二期海绵城市建设技术选择

场地类型	技术措施	功能
建筑	绿色屋顶	对雨水进行源头削减、截污
	雨水储罐	对雨水进行收集回用
小区	初期雨水弃流设施	减轻径流污染
	下沉绿地	对雨水进行收集、截污、调蓄、下渗
道路广场	生物滞留设施	对雨水进行滞留、截污、调蓄、下渗
	透水铺装	下渗雨水
	植草沟	对雨水进行收集、传输、截污
绿地	下沉绿地	对雨水进行收集、截污、调蓄、下渗
水系	大型湖泊	对雨水进行调蓄、净化、回用

与雨水滞留设施进行控制。

ａ.雨水调蓄

安亭新镇二期西侧有安亭新镇重要的人工湖景观节点—掌形湖，是安亭新镇二期与一期之间的纽带，现状水质较好。本次规划湖面面积约11hm²，除景观功能外兼有雨水调蓄功能。统筹考虑安亭新镇二期与一期的雨水调控，掌形湖为安亭新镇二期雨水调蓄预留的调蓄深度为48mm，可容纳5 280m³雨水。

ｂ.雨水滞留

除掌形湖调蓄外，规划结合道路、绿地系统采用生物滞留池、下沉绿地技术，解决剩余15 094m³的调蓄雨量，生物滞留设施调蓄深度及下沉绿地下沉深度均定为0.1m，所需面积为15.094hm²，占绿地面积的32.8%，其中下沉绿地与生物滞留设施面积比按10:1进行分配，即30%绿地采用下凹式绿地，2.8%绿地采用生物滞留设施。

四、实现途径

1. 规划措施

（1）宏观层面

科学划定蓝线和绿线，识别并保护好湖泊、湿地等水生态敏感区，构建并优化生态廊道，维护区域水生态系统。规划在安亭新镇二期外围形成大尺度的生态构架，内部形成两条南北向生态绿带，构建区域层面海绵体。

（2）中观层面

做好分层次的城市规划设计，具体到详细规划层面，应紧密协调指标控制、布局控制、实施要求、时间控制等环节，提出各地块海绵城市建设的控制指标，作为土地开发建设的规划设计条件，把顶层设计和具体项目的建设运行管理结合在一起。

（3）微观层面

在设计及实施的过程中应根据规划要求，从建筑、小区、道路、广场等层面予以落实。

①建筑

推广绿色屋顶、垂直绿化技术，从源头削减降雨量。在设计绿色屋顶时，不强求高绿色屋顶率，应注意植物选择及其维护管理，确保植物存活。

②小区

将传统的集中绿地建设模式转变为小规模的下沉绿地，更好的收集雨水。建筑中水回用于生活杂用水、小区景观用水。

③道路、广场

道路两侧机动车道与非机动车道间的绿化带建成生物滞留带，生物滞留设施应低于路面0.1~0.2m，并设置过滤池对初期雨水进行截污。

道路非机动车道可采用透水沥青材料、停车场可采用透水混凝土材料、广场可采用透水砖铺砌，大大增加透水面积。

2. 技术选择

结合安亭新镇二期规划，根据用地性质不同，本次规划从建筑、小区、道路广场、绿地、水系等不同层面选择了经济可行的海绵城市建设技术。

五、结语

科技的突飞猛进使人们习惯将技术凌驾于自然之上，以技术手段解决所有问题。在以往建设活动过程中，过度的开发与技术手段的应用，使城市不透水面积不断增加，大量湿地、绿洲等自然海绵体不复存在，城市自然水循环遭到破坏、生态系统失衡，"热导效应""水质缺水""城中观海"等城市病相继出现。

海绵城市是综合解决我国当前水危机的科学举措，国家高度重视、大力推行。由于海绵城市建设理念较新，现有城市详细规划对这一方面内容尚未涉及或仅停留在概念阶段，本文以安亭新镇二期为例，探讨如何将海绵城市理念融入详细规划。文章重点研究了如何根据项目实际情况，对详细规划中相关指标进行选择、取值、分解、落实，并从宏观、中观、微观三个层次对海绵城市建设进行规划，选择经济可行的工程技术。

参考文献

[1] DB11 – 685 – 2013，雨水控制与利用工程设计规划[S].

[2] 仇保兴. 海绵城市（LID）的内涵、途径和展望[J]. 给水排水，2015，3（41）：1 – 7.

作者简介

董天然，东南大学，硕士，上海广境规划设计有限公司，市政规划师；

全先厚，西安建筑科技大学，硕士，上海广境规划设计有限公司，市政规划师。

1.径流控制
2.绿地水系规划图
3.绿色屋顶
4.下沉绿地
5.生物滞留池

老工业区产业转型过程中的海绵城市建设
——以北京新首钢高端产业服务区水资源规划为例

Sponge City Construction for Post Industrial Development
—The Water Resource Plan of New Shougang Integrated Service District for Advanced Industries

王 伟 饶 红 王静懿 郑怡然
Wang wei Rao Hong Wang Jingyi Zheng Yiran

[摘　要]　本文以首钢老工业区产业转型过程中绿色生态规划为例，从海绵城市建设角度解析了新首钢雨洪利用、解决内涝的思路，并对问题进行了总结。

[关键词]　老工业区产业转型；海绵城市；雨洪利用；内涝

[Abstract]　Based on the Green-Eco planning for The Beijing Shougang post industrial development, this paper analyses strategies of the rainwater and flood utilization and urban waterlogging solution of New Shougang from the point of sponge city construction, concludes possible problems.

[Keywords]　Post Industrial Development; Sponge City; Rainwater and Flood Utilization; Urban Waterlogging

[文章编号]　2016-72-P-100

1.新首钢高端产业综合服务区区位图
2.区域雨水调蓄设施规划图

一、引言

城区老工业区是指依托"一五""二五"和"三线"建设时期国家重点工业项目形成的、工业企业较为集中、目前处于城市核心位置的区域。随着历史的推进，城区老工业区已逐渐不能适应城市的发展，近年来很多城市组织开展其搬迁改造工作。2013年，国家发改委确定了21个城区老工业区搬迁改造试点，首钢老工业区位列第一。

首钢，这座诞生了中国第一座大型高炉的老工业厂区，为了北京奥运会的举办于2005年实施搬迁，至2010年搬迁至河北曹妃甸。北京市"十二五规划"中，将首钢老工业区搬迁后腾出的区域命名为"新首钢高端产业综合服务区"（以下简称服务区）。未来首钢工业区将建设成为高端要素聚集、创新创意活跃、总部特征明显、生态环境优美的高端产业综合服务区。

二、项目概况

服务区地处长安街东西轴和西部发展带的重要节点上，距离天安门广场仅有18km，是北京市区内唯一可大规模、联片开发的区域，具有极强的辐射力和影响力。

目前，北京市城市规划设计研究院已经完成了服务区的控规编制工作。区域规划地块总面积

8.63km²，总建筑面积1 060万m²。首钢老工业区作为中国钢铁工业文明和工业化进程的见证，对该区的转型开发应在常规控规的基础上提出更高的要求—将新首钢地区建设成为一体化规划、建设、管理的典范。延续后工业文化特色，挖掘新产业增长点，打造成"北京先行、全国领先、国际典范"的绿色生态示范区。2014年，北京市城市规划设计研究院联合奥雅纳工程咨询（上海）有限公司开展了新首钢高端产业综合服务区绿色生态规划。

三、水资源专项规划

作为绿色生态规划的核心要素，水资源专项规划（以下简称规划）面临三个突出挑战。

（1）污染场地雨水径流污染协同管理

老工业区搬迁后的首要解决问题是污染治理问题。由于场地开发具有时序性特点，污染治理亦存在时序性、阶段性。未治理场地自身污染物尚未治理，存在通过地表径流造成已开发场地二次污染，雨水下渗造成地下水污染隐患。

（2）后工业遗产利用

老首钢搬迁后留下了许多珍贵的工业历史遗存（如用于首钢发电厂和焦化厂作晾水池的群明湖等工业构筑物），应根据这些后工业资源特点，加强其价值再利用规划。

（3）生态规划专业内部协调

下凹式绿地的布局会造成其下方地下空间的造价大幅提高，同时服务区内规划大规模的地下空间；绿色生态规划方案中，屋顶上设置屋顶绿化、太阳能光伏板及常用建筑设备等，互相挤占空间，同时还要考虑施工等具体因素。

因此需要统筹能源、景观等多专业需求，达成合理的综合方案。

综合分析面临的挑战，结合国内外雨水控制与利用趋势和政策，从雨洪管理和城市内涝防治角度提出两项雨水指标：

①雨水年径流总量控制率≥85%

参照《海绵城市建设技术指南—低影响开发雨水系统构建（试行）》，北京市年径流总量控制率要求为75%~85%，针对北京市内涝频发的现状，指标采用控制率≥85%，对应降雨量为33.6mm。

②50年一遇暴雨零影响

服务区位于北京市排水防涝体系上游，依照北京市总体规划"西蓄、东排、南北分洪"的防洪排涝体系，为提升服务区内涝防治能力及降低自身雨水径流对下游城区的影响，提出50年一遇暴雨零影响的指标。

1.区域雨洪管理策略

规划运用雨水低影响开发原则，将原控规中提出的雨水控制与利用理念在降雨量为33.6mm（对应年径流总量控制率为85%）降雨条件下落实到地块

并提出技术细则，系统性地提出了区域海绵城市建设方案。

遵循德国严格的雨水管理模式，服务区整体年径流总量控制率达到85%的同时，各地块要求其控制率达到85%，起到双达标的示范作用。区域内采用量化的屋面雨水收集设施、绿色屋顶、渗透铺装、下凹式绿地、雨水花园等雨水滞留或收集措施组合实现控制率目标。下文从雨水管理的二级开发到一级开发逐步论述。

（1）二级开发层面

屋面雨水经过绿色屋顶下渗净化后收集回用于绿地浇灌，超量雨水排入管网；

地面雨水经渗透铺装、下凹式绿地下渗后，降低雨水径流量，补充涵养地下水；

雨水径流经植草沟、雨水花园、植被缓冲带净化截污，降低雨水径流污染，有效控制水体面源污染，超量雨水进入雨水排水管网。

设计重现期内地块雨水由该地块内部雨水调蓄设施消纳，超过设计重现期雨水排入市政管道或自然水体。

通过模型计算，各项低影响开发技术措施指标如下：结合土地利用，统筹各项低影响开发指标在各地块内具体落实，协调各专业并作相应调整，实现各个地块内雨水年径流总量控制率达到85%的目标。

（2）一级开发层面

公共空间结合具体位置，汇水区域大小，设置渗透铺装、下凹式绿地等生态措施，适当条件下，收集、净化自身汇水面积外雨水，达到区域雨水协同管理目的。加强雨水管理技术措施与城市公共空间的景观建设结合，实现公共空间的多功能性。

结合道路横向、竖向设计，采用源头雨水径流管理的道路排水形式的尝试，降低道路径流总量及峰值流量，缓解道路径流污染。超量雨水排入市政管网，并在雨水入水体处设置末端污染控制设施（雨水湿地等）。

以服务区二型材南路和古城南一路为例，展示道路红线外为不透水区域以及道路红线外为开放绿地的两种情况下的道路雨水径流管理措施。

①二型材南路

路面宽度40m，4幅路道路断面，其北侧红线外为公共绿地：

机动车道径流由中央坡向两侧，非机动车道与人行道采用单坡排水方式；

中央分隔带设置下凹式绿地，机非分隔带设

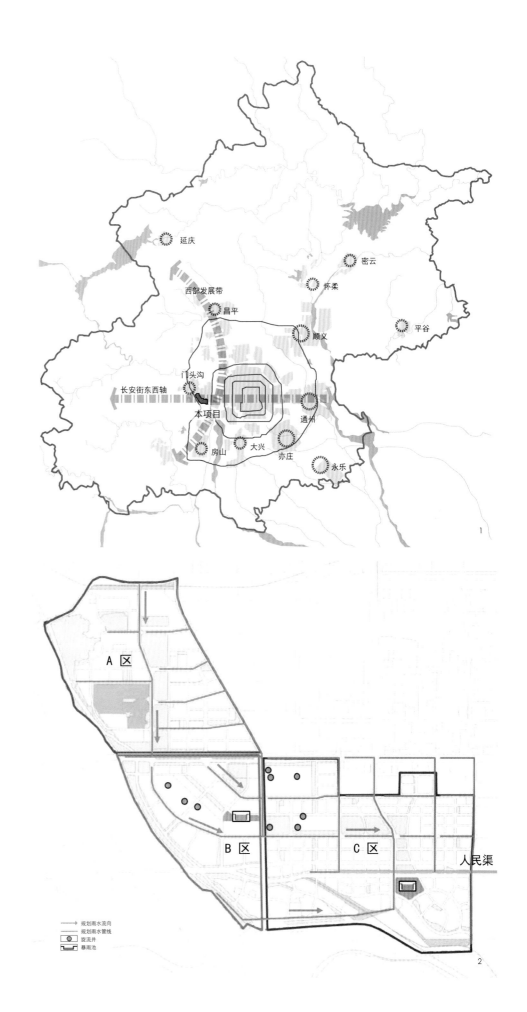

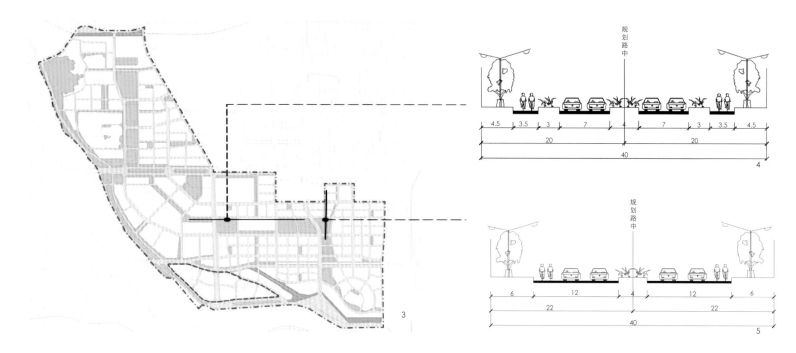

3.道路规划示意图
4.二型材南路（原规划方案）
5.古城南一路（原规划方案）

置植被浅沟，绿化分隔带设置生物滞留带；

机动车道与非机动车道径流分别汇入植被浅沟与生物滞留带，人行道径流汇入公共绿地；

中央分隔带、机非分隔带、公共绿地内超量径流通过溢流口进入市政管线，绿化分隔带内超量雨水通过暗渠流入红线外公共绿地。

②古城南一路

路面宽度40m，2幅路道路断面，红线外为不透水区域：

车行道径流由两侧坡向中央，人行道采用单坡排水；

中央分隔带设置下凹式绿地，绿化分隔带设置生物滞留带；

车行道径流在道路纵坡作用下通过开孔缘石汇入下凹式绿地，人行道径流汇入生物滞留带；

中央分隔带、绿化分隔带内超量径流通过溢流口进入市政管线。

区域在33.6mm降雨条件下，雨水径流量为13.9万m³，通过一、二级开发层面落实低影响开发技术，雨水利用与下渗总量为14万m³。达到了年径流总量控制率85%的目标要求。

屋面雨水年收集量为21万m³，可满足建筑地块附属绿地和硬质地面冲洗年用水量约25%的需求，实现了雨水资源化的目标。

由于首钢场地开发与污染治理时序性特点，污染治理区域分步开发治理的同时，需加强对未治理场地雨水携带污染物转移控制，避免已开发场地二次污染，提高服务区污染治理的整体效率。

2. 区域内涝防治策略

参照国外应对超标暴雨采取的"蓄"与"排"的工程经验，考虑服务区在50年一遇极端降雨条件下，结合服务区的汇水下游人民渠20年一遇排水能力设置雨水调蓄的设施，以降低暴雨对区域及下游的影响。

因地制宜，考虑合理利用首钢工业园区现有旋流井构筑物约15.7万m³的有效调蓄空间。既节省工程造价，同时为后工业遗产提供了有效的价值再利用的机遇；充分利用服务区范围内已有水体的雨水调蓄能力，结合土地开发利用情况，设置雨水调蓄设施。

综合考虑服务区内雨水调蓄空间后，经计算A区可通过群明湖（占地约10万m²）实现雨水调蓄，B区需设置6.7万m³区域暴雨池，C区设置14.6万m³暴雨池。

考虑在B区与C区大型集中绿地下设置大型区域暴雨池。

通过区域雨水调蓄设施的设置，与下游人民渠共同保证了服务区50年一遇暴雨零影响。提高了自身内涝防治能力的同时，也降低了下游区域排水不畅的风险。

四、结语

水资源专项规划在现有控规基础上，将原控规提及的低影响开发理念予以落实。服务区年径流总量控制率达到85%，达到了北京市建设海绵城市的最高要求。服务区设置区域暴雨池，解决了50年一遇暴雨条件下区域自身内涝问题，缓解了服务区下游地区的排水压力。

作为国内第一个以国有企业为主体主导开发的新兴产业区，首钢集团为主导一、二级开发的责任主体，这为顺利开展海绵城市建设奠定了基础。首钢集团通过水资源专项规划落实了雨洪利用、雨洪安全管

表1　城市道路雨水低影响开发技术措施及适用范围

道路雨水技术	适用位置
透水铺装	人行道、非机动车道的路面停车区域及车行道
生物滞留带	用地空间狭小、景观要求高的城市道路，设置在道路分车绿带或行道树绿带
植被浅沟	城市快速路或干路中，用于沿线景观分隔带，可在较小汇水范围内替代雨水管道
雨水干塘、湿塘、雨水湿地	较常用于道路排水管线末端及道路红线外绿地

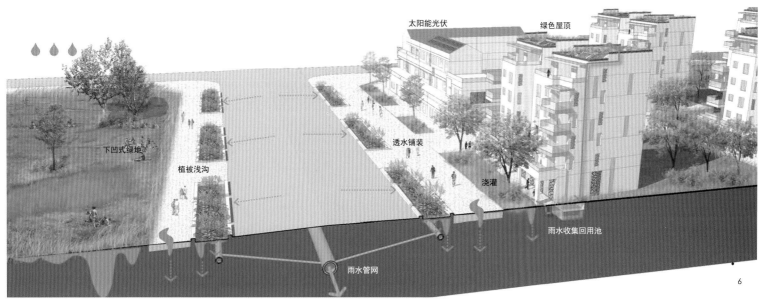

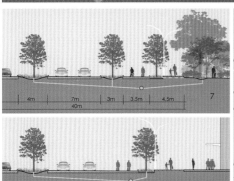

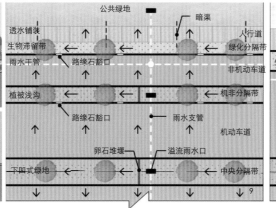

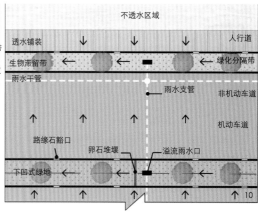

太阳能光伏　绿色屋顶

下凹式绿地

植被浅沟

透水铺装

浇灌

雨水收集回用池

雨水管网

6

公共绿地
暗渠
透水铺装
生物滞留带
人行道
雨水干管
绿化分隔带
路缘石豁口
非机动车道
植被浅沟
路缘石豁口
机非分隔带
雨水支管
机动车道
卵石堆堰
溢流雨水口
下凹式绿地
中央分隔带
9

不透水区域
透水铺装
人行道
生物滞留带
绿化分隔带
雨水干管
雨水支管
非机动车道
机动车道
路缘石豁口
卵石堆堰
溢流雨水口
下凹式绿地
10

4m 7m 3m 3.5m 4.5m
40m
7

4m 12m 6m
40m
8

6.海绵城市建设示意图
7.二型材南路（剖面图）
8.古城南一路（剖面图）
9.二型材南路（平面图）
10.古城南一路（平面图）

理战略。新首钢开发过程中的海绵城市建设等绿色生态建设经验及遇到的问题也为其余城区老工业区搬迁后改造带来了借鉴意义。

参考文献

[1] 谢红生，欧阳财棕．城区老工业区搬迁改造实施方案编制难点分析 [J]．中国工程咨询，2015（04）：64－66．

[2] 打造综合延伸性产业链支撑企业转型升级发展[N]．首钢日报，2015－01－29（3）．

[3] DB11/685－2013，雨水控制与利用工程设计规范[S]．

[4] 北京市规划委员会．北京城市防洪排涝系统规划概述[EB/OL]． 2012-09-29.http://www.bjghw.gov.cn/web/static/articles/ catalog_320000/article_ff80808139b980d1013a10e 8b0690222/ff80808139b980d1013a10e8b0690222．

[5] 王薇，范义荣．屋顶绿化缓解城市热岛效应的浅析[J]．北方园艺，2011（10）：86－91．

[6] 刘月琴，林选泉．人行空间透水铺装模式的综合设计应用——以陆家嘴环路生态铺装改造示范段为例[J]．中国园林，2014（7）：87-92．

[7] DB11/938－2012，绿色建筑设计标准[S]．

[8] U.S. Department of Transportation. Urban Drainage Design Manual(Third Edition)[M]. Washington: Hydraulics Engineering Publication, 2009.

作者简介

王　伟，奥雅纳工程咨询（上海）有限公司，环境规划师，注册公用设备师；

饶　红，奥雅纳工程咨询（上海）有限公司，副总规划师，项目负责人；

王静懿，奥雅纳工程咨询（上海）有限公司，高级规划师；

郑怡然，奥雅纳工程咨询（上海）有限公司，城市规划师。

海绵城市背景下的老社区景观改造
——以镇江华润新村小区为例

Landscape Renovation Under the Background of Sponge City
—An Study of Zhenjiang Huarun Residence Community

宋昱 张林 云翃 陈昊
Song Yu Zhang Lin Yun Hong Chen Hao

[摘　要]　在海绵城市建设背景下，以江苏省镇江市华润新村小区景观改造作为项目案例，阐述海绵城市理念在老旧居住小区内的运用。作为将景观设计与海绵城市理念紧密结合的典型项目案例，可为全国范围内的居住区海绵改造提供借鉴。

[关键词]　海绵城市；景观改造；居住区

[Abstract]　Under the background of the construction of the sponge City, the paper takes the Zhenjiang city of Jiangsu Province as the case, and expounds the application of the concept of sponge city in the old residence community. As a typical project which is closely integrated with the concept of the landscape design, it can provide a reference for the renovation of the landscape in the old residence community.

[Keywords]　Sponge City; Landscape Renovation; Residence Community

[文章编号]　2016-72-P-104

1.活动空间系统图
2.方案总平面图

一、背景

1. 镇江作为"海绵城市"试点

　　近年来中国城市内涝频发，2013年12月12日，习近平总书记在中央城镇化工作会议上提出：建设自然积存、自然渗透、自然净化的"海绵城市"。2014年，住建部在《住房和建设部城市建设司2014工作要点》中正式提出"海绵型城市"，标志着中国特色的雨洪管理概念诞生。2015年4月，财政部、住房城乡建设部、水利部发布首批海绵城市建设试点名单，镇江市名列其中，受到广泛关注。

　　镇江市地处长三角腹地，是中国江苏省所辖地级市，长江与京杭大运河在此交汇，区位优势突出。镇江境内河网密集，水资源丰富，金山湖和古运河、虹桥港等9条主要城市河流，构成主城区的水系网络结构。镇江市属亚热带季风气候，降雨充沛且集中，市区多年平均降水量达1 063mm，曾多次遭受暴雨袭击，并造成区域积水和城市面源污染。在此背景下，镇江市以主城区内22km²的海绵城市试点区域建设为契机，重点针对旧城改造，兼顾新城开发。镇江为最优化实现海绵城市建设目标，综合渗、滞、蓄、净、用、排等多种低影响开发技术措施，逐步加大水环境基础设施建设，保护和修复镇江的水生态系统。作为长三角区域的代表性城市，镇江市海绵城市建设先行先试工作可为同类城市海绵城市建设工作提供引导和示范。

2. 老旧居住社区的海绵改造

　　住房和城乡建设部原副部长仇保兴在其《海绵城市（LID）的内涵、途径与展望》一文中指出，海绵城市建设系统从大到小划分成四个子系统，即区域、城市、社区、建筑四个层次。社区（Community）一直是雨洪管理的主要实践领域，海绵社区建设作为海绵城市建设中的重要一环起着承上启下的关键性作用。镇江市主城区范围内存在大量建造于20世纪七八十年代的老旧居住社区，此类社区由于建设年代久远，存在地势低洼、排水管网老化和堵塞等诸多问题，在强降雨天气极易引发内涝积水，严重影响居民日常生活。"海绵社区"相比较于传统住区能更有效地蓄积、调配雨水，并且借助合理的空间设计更是能够提高社区的环境品质，是一项实在的惠民工程。目前，镇江市已有多个老旧居住社区被纳入老城区提升改造工程中。

3. 景观设计与海绵城市建设的关系

　　海绵城市的建设和落实需要包括城市规划、园林景观、道路交通、给排水等在内的多个职能部门的协作。"海绵"是以景观为载体的水生态基础设施，景观设计在海绵城市建设工作中发挥举足轻重的作用，将LID（低影响开发）设施落实到具体的空间设计中，协调LID设施与其他市政系统的对接；优化雨洪功能设施的视觉感官及复合功能；增强市民对海绵城市建设和LID设施的认同感。基于LID理念的景观设计，不仅体现了对自然水文过程的尊重，也将通过科普教育的途径鼓励更多公众参与到城市建设中。海绵社区的建设有两方面的重点：一是通过低影响开发技术的运用，建立接近于自然水文循环的自然排水和雨水收集系统，有效地蓄积、调配雨水；二是结合景观设计途径，综合提升社区公共空间品质及人文活力，提升居民认同感。

二、"海绵城市"理论在华润新村小区景观改造中的运用

　　华润新村小区位于镇江市京口片区，为建成近二十年的老旧小区，西邻古城路，南邻花山路，东邻小米山路。小区总面积约58 880m²，其中建筑面积16 151m²，改造主要针对绿地和道路，约42 729m²。本次改造任务由深圳大学佘年教授团队、北京大学建筑与景观设计学院李迪华教授团队及北京土人城市规划设计有限公司上海分院共同承担，是一次学术理念与专业实践相结合的积极尝试。

　　前期的多次场地踏查和社会学调查明确了场地现状的三大问题：雨洪问题、活动空间问题、交通与停车问题。针对以上问题，设计团队通过针对性分析

将雨水收集理念、居民文化活动需求及现实停车需求相统一，整合小区现状资源打造高品质的海绵社区。

1. 雨洪管理系统

　　小区在建设之初对当地气候特点考虑不足，小区内现状道路铺装皆为不透水材料，加之场地竖向设计考虑不周、排水管网老化等问题，造成集中降雨季节小区内雨水堆积严重，给居民生活带来诸多不便。方案综合考虑"渗、滞、蓄、净、用、排"等手段的流程序列，并结合小区的实际条件（造价、管理等）建立适合场地的雨洪管理体系。

　　城市雨洪管理的关键在于降雨的消解途径：过去的城市建设过于依赖将雨水排放至河道的单一途径，导致暴雨下的城市雨水管网与河道系统超负荷溢流，引发城市内涝。雨洪管理的核心原则是运用源头多面滞吸、中途多线引导和末端多点蓄积的理念，恢复下渗、滞蓄等其他雨水消解途径。设计首先确认雨洪防范标准，并依据镇江市降雨资料及建筑屋顶面积对雨水量进行计算，以确定各雨水管理设施的规模数值。鉴于华润新村小区的改造成本有限、老社区物业管理力度有限等实际条件，改造方案以"滞、净、渗、排"等被动式技术手段为主，弱化成本较高、后期维护难度高的"蓄－用"技术使用。

　　在本方案的基本雨水管理单元中，屋顶雨水经集水口流入下水管，并经导水管引入雨水花园中，雨水经雨水花园净化、滞蓄、蒸发和下渗，多余的雨水经溢水口流入市政雨水管道。宅间的雨水花园采用低于周边道路的下沉式设计，有效接纳来自宅前道路的雨水，从而形成小区内的绿色海绵基底。根据场地使用功能的不同，雨水出水口被优化为三种不同的形式：石板型、石块型及石笼型。这样的优化不仅缓解雨水冲刷并辅助初期雨水径流的净化功能，同时具有良好的景观效果，其使得雨水的引导过程可观，具有科普性。此外，鉴于小区机动车道路整体可渗透性改造成本较高，方案对道路表层进行含水性材料改造，阻止地表径流的产生，利用含水材料的引流作用将雨水就近排入路旁生态草沟，并通过盲管辅助下渗，与雨水花园等共同形成完整的雨洪管理系统。该系统一方面灵活应用"源头多面滞吸、中途多线引导、末端多点蓄积"理念就近多途径消解雨水，弱化地表径流的汇流，降低了市政管网的压力；另一方面在雨洪功能之上强化设施的视觉感官与复合功能，使出水口、导水管、雨水花园等雨水管理设施与住宅小区的使用功能、居民活动需求相统一，实现土地的集约、综合利用。

2. 活动空间系统

　　华润新村小区内现状活动空间缺乏，宅间绿地被杂草

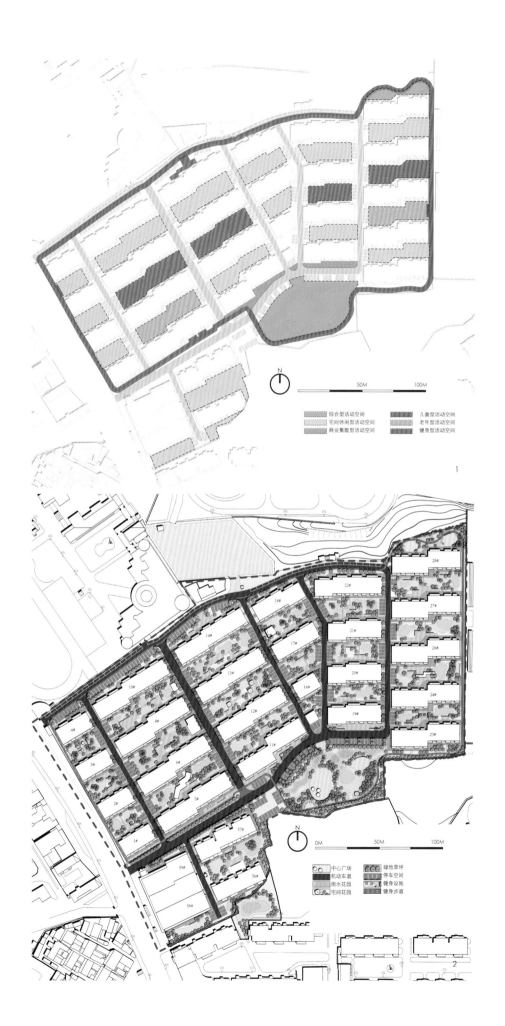

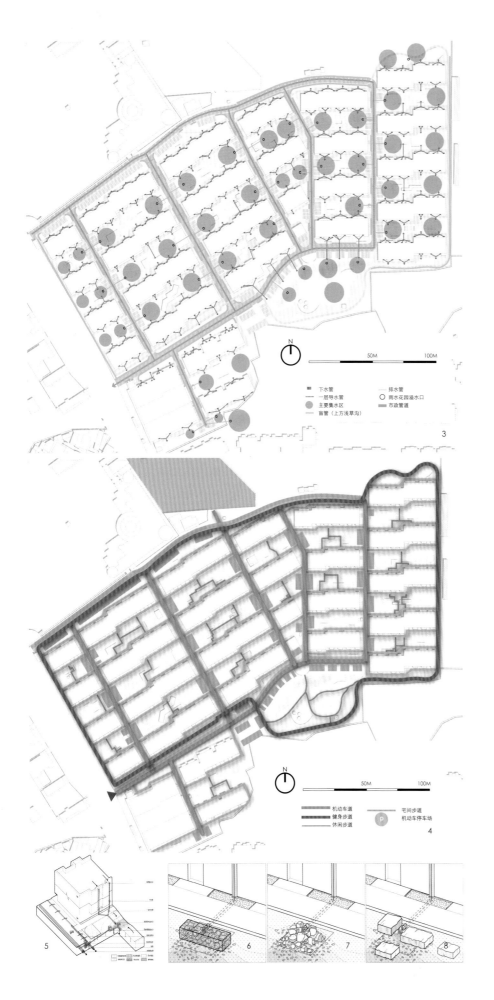

3.雨洪管理系统图　　　　　6.出水口类型示意图（石笼型）
4.交通系统图　　　　　　　7.出水口类型示意图（石块型）
5.小区基础雨水处理单元示意图　8.出水口类型示意图（石板型）

侵占无法使用，社区公园特色缺失，公共服务设施数量少、类型单一，诸多的设计不合理问题造成现状空间使用率低，无法满足居民的日常休闲活动需求。设计方案结合海绵城市理念，对现状绿地空间进行改造。在保留现状乔木的基础上适当补植观叶，观花和观果植物，增强季相丰富性，绿地采用下沉式设计，可有效的储蓄、吸收、滞留雨水，从而形成小区内的绿色海绵基底。在此基础上布置硬质活动场地，形成了包括儿童活动空间、老年人活动空间，健身空间等在内的开放空间系统，满足小区内不同人群的休闲活动需求。活动场地均采用透水式铺装，在满足活动功能需求的同时使雨水吸收、下渗。

小区内活动空间的设计统筹考虑了与周边建筑和道路的空间关系、竖向关系、雨水出口等，在绿地内部构建了低影响开发系统，使活动空间不仅服务居民的休闲游憩，更服务于周边雨水的消纳与净化，通过景观设计将社区内雨水循环利用和居民的日常使用相融合，有效增强活动空间使用率。

3. 交通系统

现状小区内机动车道和人行空间混杂，道路均为不透水铺装且老化严重，机动车数量急剧增长造成停车位严重缺乏，不规范的停车行为严重影响社区安全及公共空间品质。设计方案对现状道路进行梳理和改造，形成包括机动车道，宅间步道，休闲步道等在内的交通系统，道路均结合透水性改造，并沿道路铺设雨水收集设施，道路雨水地表径流汇入绿化带进行储存、入渗和净化。在现状用地紧张、地块零碎、集中式停车受限的情况下，方案沿机动车道在两侧宅间绿地布置分散式停车空间，将规范化停车位由现状的120个提高至401个，可基本满足社区居民停车需求。经设计后的华润新村小区交通系统除满足机动车通行外，营造了包括慢跑、散步、穿行在内的多种社区休闲体验，并有效解决了停车问题，为休闲宜居提供了保障。

三、结语

结合海绵城市建设理念，针对小区的现状问题，通过生态设计手法建立小区内完整的雨洪管理系统，开放空间系统和交通系统，最终达到绿色海绵小区的建设目标。华润新村小区的设计将雨水收集技术和景观设计方法相结合，经改造后的社区将生动的展示雨水收集过程，展示人与环境和谐共处的场景，可实现低影响开发与改善老城区居住环境的有机统一。华润新村小区改造设计将为全国范围内的高密度老城区海绵改造提供示范意义，具有广泛的代表性。

参考文献：
[1] 仇保兴. 海绵城市（LID）的内涵、途径与展望[J]. 建设科技，

2015（2）：9－15.

[2] 住房与城乡建设部. 海绵城市建设指南[Z]. 2014.

[3] 俞孔坚，李迪华，等. 海绵城市理论与实践[J]. 城市规划，2015
（6）：26－36.

[4] 鞠茂森. 关于海绵城市建设理念、技术和政策问题的思考[J]. 水利
发展研究，2015（3）：7－10.

[5] 杨阳，林广思. 海绵城市概念与思想[J]. 南方建筑，2015（3）：
59－64.

[6] 周迪. 海绵城市在现代城市建设中的应用研究[J]. 安徽农业科学，
2015，43（16）：174－175.

[7] 吕伟娅，管益龙. 绿色生态城区海绵城市建设规划设计思路探讨
[J]. 中国园林，2015（6）：16－20.

[8] 苏义敬，王思思. 基于"海绵城市"理念的下沉式绿地优化设计
[J]. 南方建筑，2014（3）：39－43.

[9] 王思思，苏义敬，车伍，等. 景观雨水系统修复城市水文循环的技
术与案例[J]. 中国园林，2014，30（217）：18－22.

[10] 李俊奇，车伍，池莲，等. 住区低势绿地设计的关键参数及其影
响因素分析[J]. 给水排水，2004，30（9）：41－46.

作者简介

宋　昱，北京土人城市规划设计有限公司上海分公司，副院长；

张　林，北京土人城市规划设计有限公司上海分公司，景观设计师；

云　翅，北京大学建筑与景观设计学院，硕士研究生；

陈　昊，北京土人城市规划设计有限公司上海分公司，景观设计师。

9.小区环路（健身步道）改造前后效果对比（前）
10.小区机动车道改造前后效果对比（前）
11.小区宅间步道改造前后效果对比（前）
12.小区环路（健身步道）改造前后效果对比（后）
13.小区机动车道改造前后效果对比（后）
14.小区宅间步道改造前后效果对比（后）

技术体系
Technical System

海绵城市建设中低影响开发技术应用研究

Research on the Application of Low Impact Development technology in the Construction of Sponge City

陈丹良 张文君 李 霞
Chen Danliang Zhang Wenjun Li Xia

[摘　要]　低影响开发作为海绵城市建设的重要理念之一，其涉及多项技术应用。本文基于研究光明新区、广州教育城、哥本哈根、费城等国内外海绵城市建设实践，通过比较各城市的规划成果、实施评效，总结低影响开发技术应用的共性与特性，技术选择的影响因素，指出其应用应构建"政策-目标-规划-设计-施工-考核"全过程体系框架，技术选择核心在于全方位统筹，因地制宜。同时，本文还对海绵城市建设规划中低影响开发技术的应用提出一些建议。

[关键词]　海绵城市；低影响开发；雨洪管理；地表径流

[Abstract]　Low impact development as one of the important concepts of sponge city construction, it involves a number of technical applications. This paper is based on the research of the bright New District, Guangzhou City, Copenhagen, Philadelphia and other domestic and international sponge city construction practice, Through comparison of the results of the city planning, Implementation and effect, Summarize the commonness and characteristics of low impact application development technology, The influence factor of technology choice, Points out its application should establishthe frame that: "policy - objective -design - construction - examination" . Technology choice is the core of the overall co-ordination, adjust measures to local conditions. At the same time, the paper also puts forward some suggestions on the application of the technology of the construction of sponge city.

[Keywords]　Sponge City; LID; Rain and Flood Management; Surface Runoff

[文章编号]　2016-72-P-108

1.费城绿色计划
2."绿色英亩"概念

一、概况

"城市内涝"和"水资源短缺"是现代城市面临的主要发展问题之一。一方面2012年北京"7·21"暴雨灾害，近年济南、长沙、上海等多地城市启动或再启动"看海模式"现象的出现，导致我国城市频遭暴雨肆虐导致"城市内涝"。另一方面，据统计，全国657个城市中，有300多个城市属于联合国人居署评价标准的"严重缺水"和"缺水"，而由于暴雨侵袭城市导致"面源污染"又是造成水资源短缺的因素之一。研究表明，在污水处理程度即使达到90%以上的城市，径流污染占城市水系污染总量比例非常高。

如何在城市发展建设过程中，降低地表径流系数，减轻城市暴雨灾害，如何收集并利用雨水"变废为宝"，在这样的问题及对传统城市排水系统建设的反思中，提出海绵城市的概念。2013年中央城镇化工作会议上习近平总书记谈到建设自然积存、自然渗透、自然净化的"海绵城市"。2014年10月，住房和城乡建设正式发布《海绵城市建设技术指南—低影响开发雨水系统构建》（以下简称"指南"），明确海绵城市指城市能够像海绵一样，在适应环境变化和应对自然灾害等方面具有良好的"弹性"，下雨时吸

水、蓄水、渗水、净水，需要时将蓄存的水"释放"并加以利用。其核心目标是维持开发前后水文特征不变（径流总量、峰值流量、峰现时间等）。而低影响开发系统是海绵城市实现低开发强度极限和雨洪控制的核心思想和实现手段，将统筹城市开发建设的各个环节。但国内许多城市为了建设海绵城市，对低影响技术的应用采用"生搬硬套"、全部采用等思路，致使海绵城市建设花费成本很高，效果很差，为此，本文首先对海绵城市建设中低影响开发技术应用研究进行梳理，研究典型海绵城市建设低影响开发技术的应用方式，分析和讨论其应用意义和经验，为海绵城市LID技术应用提出一些思路。

二、低影响开发技术

1.渊源

低影响开发技术在城市发展文明过程中一直都被使用。迈克尔·詹森证明公元前2500年前的印度河流域就使用家庭雨水收集技术和过滤竖井技术补充地下水。罗马人家使用的屋顶雨水收集技术和中央蓄水池。我国西北传统民居地坑窑的雨水收集、净化和利用系统。金朝的北京北海公园的团城采用透水性强的倒梯形青砖，一方面当地下水位较低时，雨水下

渗，补给地下水；另一方面倒梯形成更多的空间，成为雨水收集口产与地下暗渠连接，起到排水作用。而在《指南》中提出的主要低影响开发技术有：透水铺装、绿色屋顶、下沉式绿地、生物滞留设施、渗透塘、渗井、湿塘、雨水湿地、蓄水池、雨水罐、调节池、植草沟、渗管、渗渠、植被缓冲带、初期雨水弃流设施、人工土壤渗滤等16种。

2.特色

所有的低影响开发技术应用均围绕海绵城市建设的终极目标而选择。在材料选择中均具有浓厚的乡土气息特色；在控制方法上均针对径流量、流量峰值、降低污染、保护自然基底等方面进行控制；在功能效果上则保护生态、收集净化、渗透滞留、景观提升等特色，如"蓝、绿线"划定、蓄水池、植被浅沟、渗透池、雨水花园等技术。

3.存在问题

虽然低影响技术应用历史悠久，但随着城市建设的不断发展，海绵城市建设理念的热潮，近年来低影响技术大量的工程实践中面临着一些问题。例如，在体系构建方面，缺少适合各地方的规划设计标准体系、检验考核管理体系等；在模型模拟方法，往

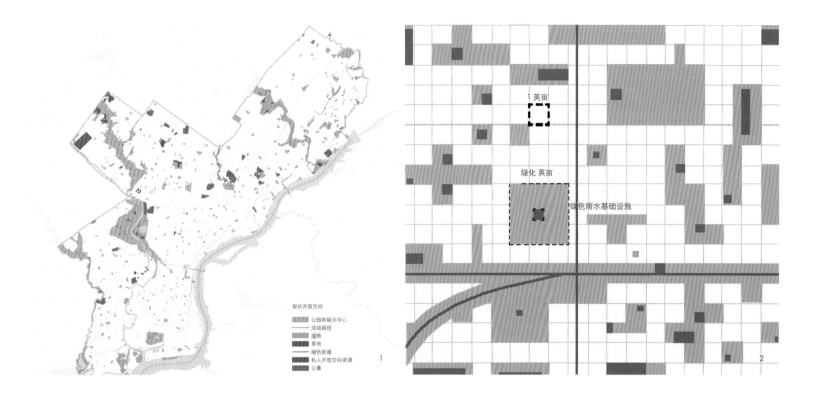

现状开放空间
- 公园和娱乐中心
- 活动路径
- 湿地
- 草地
- 绿色街道
- 私人开放空间资源
- 公墓

1英亩
绿化 英亩
绿色雨水基础设施

1

2

往模型的构建脱离规划区域的本土条件，导致模拟的结果难以达到预期的效果；在技术选择方面，往往忽略本土材料、使用寿命周期、施工难度等对成本效益影响较大的因素；在认识方面，将低影响技术理解为"万金油"，与传统雨洪管理体系衔接不足；在功能提升方面，从设计起未能与建筑、景观的结合，导致景观效果不佳，使用不便，降低了公众参与度。

三、典型案例应用

1. 美国费城—完善的海绵城市建设体系

历经十几年的建设发展，费城面对"看海模式"和面源污染形成较为有效的解决途径。

（1）规划先行

自2006年起，费城陆续编制了《费城绿色规划（2006—2028年）》（Green Plan Philadelphia）、《绿色城市—清洁水体（2006—2035年）》（Green City, Clean Waters）、《费城绿色工作（2008—2015年）》（Green works Philadelphia）、《绿色2015（2009—2015年）》（Green 2015）、《费城2035（2010—2035年）》（Philadelphia 2035）和《绿色街道设计指南（2011—2035）》（Green Streets Design Manual）等规划和技术指南，使海绵城市建设有章可循，并明确适宜的建设目标。

（2）技术选择

针对费城本土自然条件、城市用地性质和权属

等不同情况，规划选择生态集水树池、雨水滞留种植池、雨水花园、绿色屋顶、可渗透铺装、雨水桶、水箱等，针对具体的地块条件采用不同的组合方式和设计尺寸，如在学校将绿色屋顶、雨水桶等多种集成一体进行雨水收集。

（3）考核量化

费城采用"绿色英亩"概念进行考核，即每个绿色央亩人表着1ac在合流下水道服务区内的不透水的地场至少有1in的降雨是通过绿色雨水基础设施来管理，即考核以建设绿色英亩的数量为衡量标准。

（4）政策保障

从上至下，先后出台《美国中央合流制下水道溢流控制政策》（National Combined Sewer Overflow Control Policy）和《宾夕法尼亚州清洁溪流法》（Pennsylvania Clean Streams Law）和《雨洪管理服务费与积分项目调整方案》（Storm Water Management Service Change Credits and Adjustment Appeals Manual），并且加入雨洪管理费策略以资激励。

2. 丹麦哥本哈根—最生态的技术功能性提升

2014年公布的全球绿色城市评比中，哥本哈根成为全球最绿色城市，高效的雨水收集系统是其成功条件之一。

（1）确定目标和原则，分析哥本哈根气象条件、城市建设情况，确定分担城市排水系统30%~40%的雨水泄流的目标，提出高地势区段

重留、低洼区域重排、次低洼区重管理；

（2）技术选择，依据街道、街区、公园和广场、绿道和传统排水管道的不同性质选择和设计适宜的低影响开发技术，包括下凹式绿地、植草沟、中央滞留带、渗管、渗渠和滞留湖泊等。

3. 深圳光明新区—科学合理制定目标体系

深圳光明新区总面积为155.33km²，运用低影响开发理念，结合光明新区现状开发情况和多年平均降雨量为1 837mm且分布极不均匀，主要集中于每年的4—9月等特征，制定雨洪管理体系，是国家级低影响开发示范区。

（1）目标体系明确完善，综合分析场地类型、气象水文、地下水、径流雨水水质、周边环境等因素，建立整体综合径流系数≤0.43的目标体系，针对居住、公建、公园等不同功能性质提出径流量控制和污染物控制分解目标。

（2）灵活多样的技术选择，按照建成区、未建设区分，设计适宜的绿色屋顶、下凹工绿地、生物滞留池、渗管、透水铺装、滞留湖泊、雨水湿地等技术。

（3）政策保障和经济引导。出台相应的技术规定和管理办法，实施排污费和水资源费等激励措施，并加强公众参与行动。

4. 广州教育城—符合本土的模型模拟

广州教育城，位于增城市朱村街和中新镇，属于新建的职业教育城区，用地面积约11km²，总建

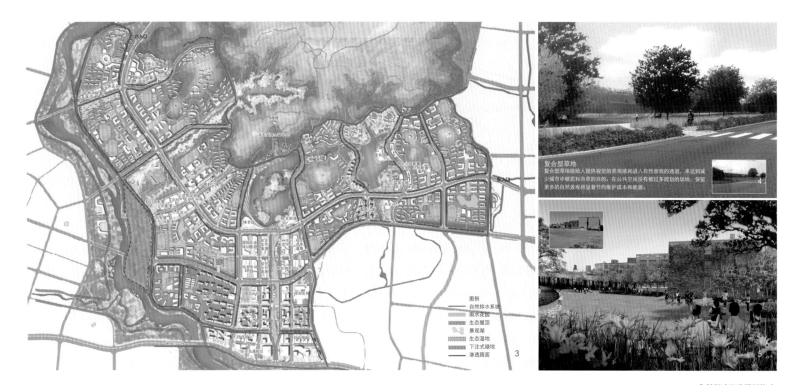

复合型草地能给人提供视觉的美观感和进入自然景观的通道,来达到减少城市中硬质和杂草的目的,在公共空间没有被过多规划的场地,保留更多的自然景观将显著节约维护成本和能源。

3.低影响开发模型构建
4.费城绿色计划
5.费城学校雨洪系统后

筑面积约607.7万m²。规划采用低冲击理念,通过科学规划LID技术使新建教育城尽量接近自然的水文循环,源头控制暴雨所产生的径流和污染,提出开发后综合径流系数不高于0.6。

(1)模型构建

广州教育城根据实际情况分析研究,结合景观设计、市政道路设计等专项设计对整个教育城区域进行LID设施布置,构建传统管网开发模型、LID设施模型,其中LID设施因地制宜地选择自然排水系统、雨水花园、生态屋顶、景观湖、下沉式绿地、渗透路面和生态湿地。

(2)模型模拟

广州教育城针对传统管道和LID设施广州地区降雨不同重现期的区域径流量、径流峰值、径流系数、管网压力过大节点等相关条件进行模拟。

通过模型对比,按5年、10年、20年、50年、100年一遇计,在径流量方面,LID设施相比传统管道减小幅度分别为47.9%、37.9%、31.9%、26.2%、23.4%;在流量峰值方面,减小幅度分别为53.8%、26.0%、10.2%、3.8%、2.3%。由此可以看出,采用LID布置基本上能将市政管网的承载能力由5年一遇

提高到20年一遇,同时随着重现期的变化,降雨量的增加,LID措施的效果有所削弱。在径流系数对比方面,LID设施在各重现期内均能达到0.6以内,而传统管网最低仅能达到0.68;在管网压力过大溢流情况分析对比方面,LID设施在全部重现期内均无溢流点,而传统管网仅在5年期一遇重现期内无溢流点。

四、结论与建议

1. 结论

综上所述,海绵城市的建设在遵循"渗、滞、蓄、净、用、排"六字方针的基础上,首先,结合各个城市不同自然气候条件与目标要求,采用符合本土需求的低影响开发技术,或单一或组合;其次,低冲击技术的选择并不是"生搬硬套"、"大而全",科学分析基底条件,明确采用低冲击技术所达到的效果,科学模拟地表径流和制定适宜本地的低冲击技术参数;最后,海绵城市的建设是继生态城市建设后一种关注城市雨洪问题的新的城市建设模式,应建立一套完善的法规政策和管理体系,并制定地方海绵城市建设导则,使低冲击技

术的选择有法可依,技术参数有章可循,真正实现低冲击技术使用的有效性和经济性。

2. 建议

(1)适宜的建设目标确定

充分研究场地环境、地质水文条件、降雨特征、水环境状况、城市功能规划、现状水系统情况、城市建设现状以及相关政策等条件,提出海绵城市建设中的低冲击应用总体目标,按照适宜本地条件的体系划分方式构建低冲击技术体系并进行目标分解。

(2)与传统雨水系统的结合

虽然低影响技术拥有生态性、景观性等优点,但并不能独立解决城市中的雨洪问题,基于建设目

表1   LID设施表

序号	LID设施	布置区域
1	自然排水系统	教育城外围主要道路及区块内部道路均布置
2	雨水花园	中央雨水花园及所有雨水管网压力过大区域
3	生态屋顶	主要公共建筑均布置(如体育馆、图书馆、学校等)
4	景观湖	所有区域水系
5	下沉工绿地	高压区下集中绿地地区
6	渗透路面	外围道路的自行车道
7	生态湿地	西福河沿线

表2   不同重现期广州地区降雨情况

不同重现期	5年一遇 24h	10年一遇 24h	20年一遇 24h	50年一遇 24h	100年一遇 24h
降雨量(mm)	163	201	234	281	311

表3   传统管网与LID设施径流量、流量峰值模拟对比表

		5年	10年	20年	50年	100年
传统管网	径流量(m³)	846 207	1 080 492	1 291 404	1 590 654	1 788 729
	流量峰值(m³/s)	72.05	90.93	109.60	133.25	149.67
LID设施	径流量(m³)	440 769	670 452	878 883	117 4521	1 370 568
	流量峰值(m³/s)	33.26	67.29	98.45	128.18	146.21

标，综合水系统专项规划、绿地系统专项规划、道路规划等相关规划要求，与传统雨水系统结合，因地制宜进行技术选择和总体布局，构建低冲击开发模型，模拟建成后区域径流量等情况，对比调校低冲击技术的类型和尺寸。

（3）成本效益的综合性分析

建设成本效益应从多个角度综合性分析，从资源利用方面看，更加充分的对雨水资源进行净化和利用，减少面源污染和节约水资源；从材料选择方面看，本土材料的经济性最大；从景观方面看，既是市政基础设施又是供居民休息、娱乐的场所空间；从全生命周期看，生态的保护性好、资源的利用性高、维护成本较低等致使其全生命成本降低。

（4）"蓝绿结合"的功能复合性提升

海绵城市建设中的低影响开发技术不仅具有降低地表径流、减少面源污染的功能，还具有景观、游憩等功能，规划设计中应关注"蓝绿结合"的功能复合性特征，考虑公众使用的安全性、观赏性，与景观小品、居民活动类型、使用人群等相结合。

（5）完善的管理措施制定

建立"规划可循、政策保障、经济引领"的管理措施，编制地方海绵城市建设指引、低冲击技术应用指引、海绵城市目标考核管理体系和经济激励措施，建设有法可依，鼓励公众参与。

参考文献

[1] 车伍，张鹃，赵扬．我国排水防涝及海绵城市建设中若干问题分析[J]．建设科技，2015（1）：22 – 25．

[2] 中华人民共和国住房和城乡建设部[2014]关于印发《海绵城市建函[2014]275号》[Z]．[2014]中华人民共和国住房和城乡建设部，2014 – 10 – 22．

[3] 杨阳，林广思．海绵城市概念与思想[J]．南方建筑，2015（3）：59 – 64．

[4] 沃夫冈·F·盖格，陈立欣，张保利，刘姝，田乐．海绵城市和低影响开发技术——愿景与传统[J]．景观设计学，2015（2）：10 – 21．

[5] 王春晓，林广思．城市绿色雨水基础设施规划和实施——以美国费城为例[J]．风景园林，2015（5）：25 – 30．

[6] 胡爱兵，任心欣，俞绍武，丁年．深圳市创建低影响开发雨水综合利用示范区[J]．中国给水排水，201（20）：69 – 72．

[7] 胡爱兵，任心欣．建设项目低冲击开发雨水综合利用设施确定方法研究——以深圳市光明新区为例[C]．转型与重构—2011中国城市规划年会论文集，2011：5242 – 5251．

[8] 仇保兴．海绵城市（LID）的内涵、途径与展望[J]．建设科技，2015（1）：11 – 18．

作者简介

陈丹良，同济大学城市规划与设计硕士，中国城市科学规划设计研究院，生态规划所，所长，注册城市规划师；

张文君，西安建筑科技大学城市规划与设计硕士，中国城市科学规划设计研究院，传统村落所，室主任；

李　霞，博士，理想空间（上海）创意设计有限公司，副院长，高级规划师，注册规划师。

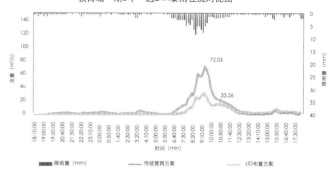

教育城一期5年一遇24h暴雨径流对比图

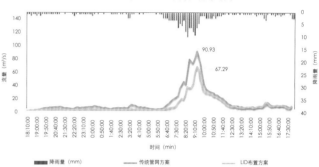

教育城一期10年一遇24h暴雨径流对比图

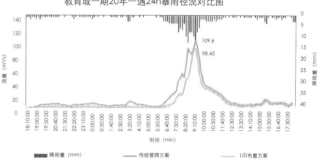

教育城一期20年一遇24h暴雨径流对比图

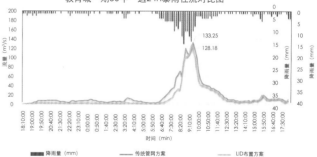

教育城一期50年一遇24h暴雨径流对比图

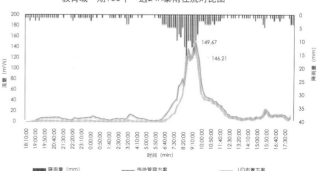

教育城一期100年一遇24h暴雨径流对比图

浅探"海绵城市"概念在透水路面材料设计中的应用
On the Application of "Sponge City" Concept in the Design of Permeable Pavement Material

龚祚 杨昆
Gong Zuo Yang Kun

[摘 要] 随着城市建设进程的不断深化，城市内涝问题越来越严重，成为制约城市发展的重要因素，因此国家大力推行"海绵城市"建设，充分发挥城市绿地、道路、水系等对雨水吸纳、蓄渗和缓释作用，有效缓解城市内涝，削减城市径流污染负荷，保护和改善城市生态环境。本文主要阐述透水路面材料的种类及特性，以及在海绵城市建设中的重要应用。

[关键词] 海绵城市；排水；路面材料；透水混凝土

[Abstract] Along with the deepening of the urban construction process, the urban waterlogging problem is becoming more and more serious,that become the important factors which restrict the development of the city, so the state vigorously promote "sponge city" construction, give full play to the urban green space, roads, drainage of water absorption, permeability and slow release effect, effectively alleviate the urban waterlogging, reduce urban runoff pollution load, protect and improve the urban ecological environment. This article mainly expounds types and characteristics of permeable pavement material, and its important application in sponge city construction.

[Keywords] Sponge City; Drainage; Pavement Material; Permeable Concrete

[文章编号] 2016-72-P-112

1.盈川东路80m绿化效果平面图

一、引言

目前城市道路多为钢筋混凝土及沥青路面，同时路基厚度一般较厚，与地面土壤相距较远，由于钢筋混凝土和沥青材质的路面渗水能力较差，与地面土壤相距较远，导致雨水多积留在路面，无法及时渗透到地下，一旦雨水积留过多，就会造成洪涝灾害。传统的排水方式主要通过管渠、泵站等设施来排水，以"快速排除"和"末端集中"控制为主要设计理念，往往造成逢雨必涝。另一方面据水利部统计，全国669座城市中有400座供水不足，110座严重缺水。为

了解决这种旱涝交替的困境，国家大力部署推进海绵城市建设工作，把雨水这个包袱变成城市解渴的财富，以"慢排缓释"和"源头分散"控制为主要设计理念。构建新型生态环保的排水体制，促进城市建设的绿色可持续发展。

二、"海绵城市"概念的基本内容

"海绵城市"从字义上解释为：将城市建设成海绵，在水资源方面可以如海绵一样，一旦城市降水过大、过多即可"吸水"，避免城市内发生雨水内

涝，影响城市正常通行；一旦城市过发生干旱现象，即可将"吸进去的水吐出来"，缓解城市旱灾程度，尽量减少城市旱灾损失，增强城市的洪旱灾害调节能力和控制力，实现城市范围内的小生态环境的平衡。从实际意义上而言："海绵城市"主要是通过人力举措和自然条件的结合，将城市道路、小区及绿化地带等主要地区建设为"海绵吸水区域"，通过地下水资源循环将降雨及地表水聚集在城市的湖泊、河流区域，建立以湖泊、河流为重心的"海绵吐水区域"。通过建立"海绵吸水区域"及"海绵吐水区域"的两种主要方式建立"海绵城市"，即建立以"海绵城

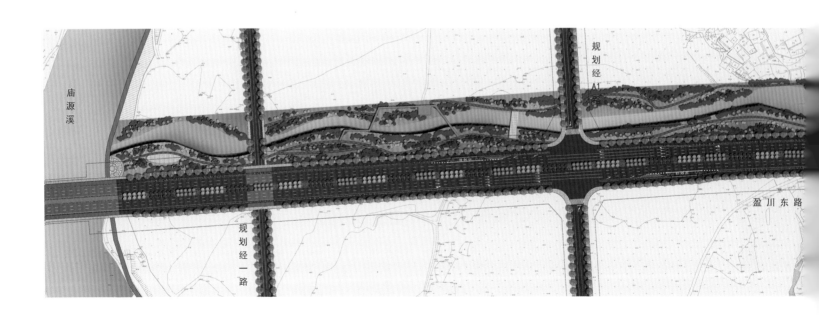

市"概念为核心的城市排水设计和排水系统，进而最大缓解城市的雨水洪涝灾害情况，一方面便利城市道路交通，缓解交通压力；另一方面提高城市形象化水平，创建和谐、幸福环境的城市，加强城市发展和投资的竞争力。

海绵城市是一种形象的表述，是指在适应环境变化和应对自然灾害等方面具有良好的"弹性"，概括为"渗、蓄、滞、净、用、排"，即推广建设海绵型建筑与小区、道路、广场、公园和绿地，消纳自身雨水，并为蓄滞周边区域雨水提供空间。下雨时进行吸水、蓄水、渗水、净水，需要时将蓄存的水"释放"并加以利用。

三、透水路面材料的概念及优点

1. 透水路面材料的概念

透水路面材料是指路面材料具有透水性，下雨时能使雨水快速通过路面，直接渗入路基的人工铺筑的路面材料，因此具有使水还原于地下的性能。透水性路面材料的共同特点是降水可通过本身与路面下基层相通的渗水路径渗入下部土壤。一方面要求路面面层结构具有良好的透水性，另一方面基层也应有相应的透水性能。透水路面材料主要分为：透水沥青混凝土路面材料、透水水泥混凝土路面材料、透水性连锁块等。

2. 透水路面材料的优点

与传统路面材料相比较，透水路面材料作为一种新的环保型、生态型的道路材料，具有很多生态环保上的优点，具体表现在以下几个方面：

（1）雨水迅速渗入路基，减少路面积水，大大减轻排水系统的压力，降低城区发生内涝的风险。透水路面材料由于自身良好的透水性能和渗水能力，能有效地缓解城市排水系统的泄洪压力，径流曲线平缓，其峰值较低，并且流量也是缓升缓降，这对于城市防洪是非常有利的。

（2）透水路面材料的透水性，能使雨水迅速渗入地下，还原地下水，保持土壤湿度，维护地下水及土壤的生态平衡，可以大大改善我国目前水资源缺乏的状况。

（3）透水路面材料防止路面积水，夜间不反光，增加路面安全性和通行舒适性。

（4）透水路面的孔隙率较大，具有吸音作用，可减少环境噪声，创造安静舒适的生态环境。

（5）透水路面具有独特的孔隙结构，其在吸热和储热功能方面接近于自然植被所覆盖的地面，调节城市空间的温度和湿度，缓解城市热岛效应。

四、透水路面材料的种类

1. 透水沥青混凝土路面材料

透水沥青混凝土路面材料采用较大用量的单一粒级粗集料制成，砂与填料用量很少，属于开级配沥青混合料的一种，空隙率在20%左右。透水沥青混合料对沥青胶结料的要求很高，需要具备很高黏度方可有效黏结矿料、保证强度。透水性沥青路面适用于城市快速路、主干路、高架道路、机场高速与景观道路等。

目前道路排水性沥青路面边缘排水系统较多采用集水沟结构形式，主要由透水性填料集水沟、纵向排水管、横向出水管和过滤织物（土工布）组成的。

2. 透水水泥混凝土路面材料

（1）透水水泥混凝土路面材料的概念

透水水泥混凝土材料实为大孔混凝土，是采用单一粒级粗骨料，同时严格控制水泥浆用量，使其恰好包裹粗骨料表面，而不致流淌填充骨料间空隙，这样便在粗骨料颗粒间形成了可透水的较大空隙，透水水泥混凝土通常不加砂，但也可加少量砂以增加强度，透水水泥混凝土可用于城市道路机动车道、非机动车道、停车场等的铺面。

（2）透水水泥混凝土路面的结构设计

透水水泥混凝土路面的结构设计基本结构由上至下为透水混凝土、碎石层、土壤、地下水。

根据交通条件和适用场合，透水混凝土道路由透水混凝土面层和透水基层构成。无机动车行驶的道路，其透水混凝土面层厚度不应小于80mm；有少量轻载机动车行驶的道路，其厚度不应小于100mm。

表1		道路结构	
类别	交通条件	适用场合	标准结构
行道型（I）	仅供行人、非机动车	人行道、非机动车道、公园、广场	透水面层 80mm 级配碎石 100mm
行道型（II）	行人、自行车及载重4t以下管理用车辆	人行道、非机动车道、公园、广场	透水面层 100mm 级配碎石 150mm
停车场型（II）（大型车用）	轿车、6t以下车辆（30辆/天）大型巴士（10辆/天）	停车场、建筑外附属道路、轻便道路	透水面层 200mm 级配碎石 150mm
建筑外附属型	轿车、6t以下车辆（10辆/天）紧急车辆（1辆/天）	停车场、建筑外附属道路、社会活动广场	透水面层 200mm 级配碎石 150mm

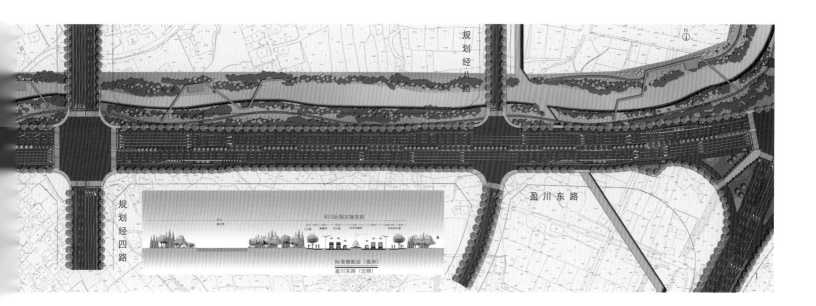

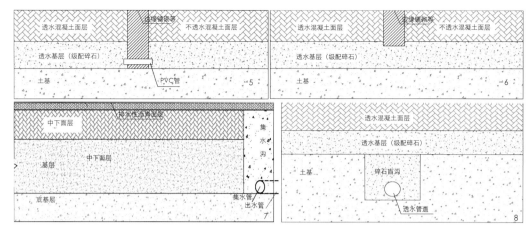

2-3.盈川东路鸟瞰效果图
4.盈川东路夜景图
5.边缘铺砌侧沟边缘铺砌设置PVC管之后
6.边缘铺砌侧沟边缘铺砌设置PVC管之前
7.集水沟结构形式
8.设置碎石盲沟、透水管道
9.透水混凝土路面结构设计

透水基层可使用级配碎石，无机动车行驶的道路，其级配碎石厚度不应小于100mm；有少量轻载机动车行驶的道路，其级配碎石厚度不应小于150mm。透水混凝土道路结构应根据交通条件按表选用。

（3）透水水泥混凝土路面的排水设计

当实际降雨强度超过单位设计渗透量及单位空隙贮存量时，应在雨水集中处设置侧沟或雨水井，进行排水处理，避免超容量部分的雨水形成路表积水。

当透水混凝土铺面与沥青等不透水铺面或透水混凝土铺面有边缘铺砌连接时，应使边缘铺砌下部结构层内的雨水能向畅通方向扩散渗透，必要时可设置PVC管连通。

因铺设地形或周边环境等因素，透水道路结构内部雨水易聚积于低洼处，应在渗透雨水集中处设置暗渠或碎石盲沟等，并将其渗透雨水排入雨水窨井等排水设施，避免结构内部积水不及渗透导致在路表形成局部积水。

在既有混凝土表面铺设透水混凝土层时，应在既有混凝土板块上设置排水斜率，雨水集中处设置排水设施，在既有混凝土板块与透水混凝土层之间必须铺设隔离薄膜层。

3. 透水性连锁块

透水性连锁块指的是人行道、停车场、公园等透水性铺装应用最为广泛的面层材料类型，如植草砖、透水砖等。这些面层材料主要利用其自身空隙、块体之间的接缝、砖体的镂空部分等渗透雨水，而获得较为理想的透水效果；面层由块体互相拼接及咬合而成，借助块体之间的嵌锁作用抵抗一部分永久变

形。块体间的相互作用又能将竖向应力转变为水平推力，这种作用被称为拱效应。这使得联锁块层同时拥有了扩散荷载的能力。连锁块类铺面有自身的缺点，如表面接缝多、整体性差、平整度不好，不利于车辆的顺畅行驶，但由于其适应变形能力强、经济性好，施工与维修方便、透水性容易保持，所以在透水铺装中的应用前景良好。透水砖具有较为突出的吸水渗透能力，可以将广场和小区路面的降水和积水较快的渗透至地表土壤层。渗透较强的砖铺方式具有较为简便、便于推广和作效的优势，在我国目前的"海绵城市"建设中应用较为广泛，且效果相当不错。

4. 透水路面材料的适用性

考虑到透水路面材料主要通过路面材料之间的空隙进行透水、排水，一旦空隙被堵塞，会大大影响路面的透水性能，因此对于环境污染较大的地区，需综合考虑当地的人文、地址、气候等条件，合理选用透水路面材料，并需加强后期的养护管理。透水路面材料推荐使用在环境清洁的文教区、住宅区和观光区等宜居环境中，既方便管理维护，又能带来巨大的生态环境效应。

五、结语

综合上述，透水路面材料在"海绵城市"建设中发挥着重要的作用，我们应改变传统的排水观念，大力推广使用透水路面材料，可以降低地表径流，延长雨水的地表径流时间，削减暴雨的洪峰强度，减轻城市管道及沟渠的压力，从根本上解决城市内涝的问

题，同时蓄积、净化后的雨水还可以进行利用，解决我国缺水的难题，构建"绿化、环保、可持续发展"的新型城市建设理念。

参考文献

[1] 董淑秋，韩志刚. 基于"生态海绵城市"构建的雨水利用规划研究[J]. 城市发展研究，2011. 12：37－41.

[2] 车伍，马震，王思思，张琼，王建龙. 中国城市规划体系中的雨洪控制利用专项规划[J]. 中国给水排水，2013，29（2）：8－12.

[3] 王文亮，李俊奇，等. 城市低影响开发雨水控制利用系统设计方法研究[J]. 中国给水排水，2014，30（24）：12－17.

[4] 车伍，闫攀，赵杨，Frank Tian. 国际现代雨洪管理体系的发展及剖析[J]. 中国给水排水，2014，30（18）：45－51.

[5] 姬秀玲. "海绵城市"概念在城市排水设计中的应用探究[J]. 城市规划与设计，2014（12）.

[6] 车伍. 我国排水防涝及海绵城市建设中若干问题分析[J]. 建设科技，2015（01）.

作者简介

龚祚，上海市政工程设计研究总院（集团）有限公司，道路设计，工程师；

杨昆，安徽省交通规划设计研究总院股份有限公司，给排水设计工程师。

海绵城市理论下BIM&GIS技术的应用策略分析
The Application Strategy of BIM&GIS under the Sponge City Theory

贾殿鑫 刘 雯
Jia Dianxin Liu Wen

[摘　要]　本文立足于海绵城市与BIM技术的交叉点，从国内海绵城市的研究现状出发，简要总结了现在海绵城市研究的若干方向。然后从BIM技术体系中与海绵城市相关的技术要点切入，以项目为载体，介绍了BIM平台下的GIS工具在场地规划的应用价值，以此说明如何通过BIM技术助力海绵城市的规划设计理念更好的落地。

[关键词]　海绵城市；BIM；GIS

[Abstract]　Based on the common ground between Sponge City and BIM, this paper briefly summarizes the research directions of Sponge City on the current research situation. Through the technical point of BIM system relevant to Sponge City, this paper introduces the application value of GIS in the site planning, and demonstrates the method that can get the concept into real.

[Keywords]　Sponge City; BIM; GIS

[文章编号]　2016-72-P-116

一、引言

1. 海绵城市

2012年"7·21"北京特大暴雨事件后，城市雨洪问题得到各方重视。经过两年编制而成的《海绵城市建设技术指南—低影响开发雨水系统构建》详细解读了海绵城市的目的，即如何在城市建设中降低对原有生态系统的影响，从而达到低影响设计与低影响开发。这种低影响雨水设计系统开发对新的设计工具与管理平台提出了新的要求。在某些国外城市中，已有政府通过信息技术与数字模型的精细管理，实现公共建筑的水耗、能耗的实时在线监控，通过云数据的集成整合，匹配类似功能建筑的平均水耗，及时发现设计和运维中存在问题的建筑。相关部门以此为依据，强制性地对水耗较高的建筑进行改造，以此推动整个城市的水利用率。由此可见，这种信息化平台的技术可在海绵城市建设过程中可发挥必不可少的作用。

2. BIM

BIM(Building information modeling)，建筑信息模型，是近年来在建筑行业中逐渐推广的新兴理念。BIM可以通过基于建筑全生命周期的数字化设计技术让设计变得更加理性与高效。最近国内出台了大量的指导文件也在大力推进建筑产业信息化的发展。本文主要讨论在BIM技术体系框架内，如何更好地推进海绵城市的建设。

二、研究现状

目前已有较多学者对海绵城市的落地建设问题进行了探讨。在理论基础及技术体系方面，俞孔坚等阐述了海绵城市的理论基础，即城市水系统弹性概念，并全面整理从1982到2012年中水系统的弹性评价方法；车生泉等比较了美国、日本、德国的雨洪管理系统，并对低影响开发的技术体系进行梳理。在政策解读、策略经验整理方面，张书函从雨洪资源综合利用的角度论述了海绵城市的建设策略；徐振强分析城市内涝与排水的主要成因，提出排水（雨水）洪涝规划与海绵城市的建设高度相关，指出科学提升排水规划能力为城市海绵体建设的重点；刘朝彪等通过哈尔滨市群力雨洪公园说明在海绵城市理念下湿地公园建设的主要策略，在计算机技术应用方面，王乾勋等通过用MIKE URBAN模拟地表的产流、汇流、漫流过程，来对区域内涝风险进行评价，从而为防涝方案制定提供科学依据。

本文以BIM技术为切入点，在技术层面对海绵城市相关的应用点进行梳理。探讨内容主要从BIM模型出发，对场地水文相关环境进行预判分析，从而科

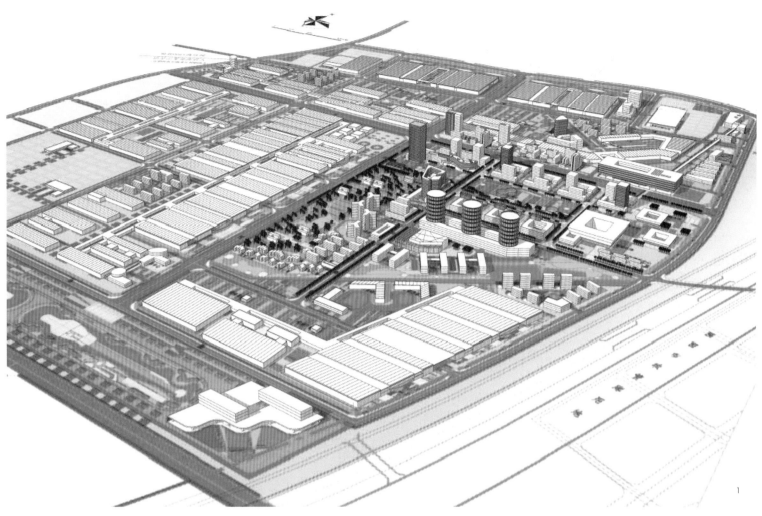

1.大连专用车产业科技创新基地项目整体规划效果图

学、直观地指导海绵城市的规划设计。

三、技术路线

目前，在前期场地规划设计及总体管线综合中运用的BIM工具主要是基于Civil 3D的工作平台，同时根据项目需要，搭配运用CAD、Revit、InfraWorks、GIS等软件的特色功能，以此而构成一个完善的BIM技术系统。

其中，前期场地规划时主要通过Civil 3D、GIS等工具快速的生成数字地形模型，在前期快速地进行与排水相关的场地高程、流域、坡向、坡度等分析，为设计提供参考。

在市政总体管线综合时，需要基于三维数字地形、土建模型、管道模型来进行整体的协调汇总，这

更偏向于工程的可建造性。基于这种多专业信息的整合，BIM技术可提供碰撞报告，各专业内部、专业之间的矛盾协调，更智能生成的横、总断面以及大量联动真实可控的数据表等

四、项目实践

1. 区域规划

在实际项目中，BIM技术以数字模拟、数据管理的方式，减少规划过程中的经验决策，通过比较准确的数据分析成果，进行科学规划决策。并且专业知识在新型技术平台上的发挥，不仅提高设计人员的效率，也使项目定位的走向更加明晰。例如在贵阳某项目规划设计中，考虑该地区山地高原地貌特征明显，以充分利用原始场地地形为先决条件，对场地设计进

行前期研究。

通过对数据的进一步提炼，可发现场地中部高程分布杂乱，开发需要较高成本平整土地；场地南部相对高差较大，不宜全面开发建设，建议考虑依势而建，特殊景观项目。一方面，通过对现状流域分析，理论上，通过对场地水文分析中的流域汇水面分析可以大致估算出该地区的汇水面积，乘以极端暴雨天气的降水量，再加上考虑地表土壤的渗水系数等因素，可以粗略估计出单位时间内的降水量，为基础设施的排水管网设计提供设计指导因子。另一方面，利用集成模拟工具设计对汇水线的提取分析，设计时考虑地表径流等因子，可以将最低汇水点和径流路线与城市水系景观设计相互结合，以便减少开发后的径流量，确保公共安全。场地内更为详细的坡向、坡度分析，经过数据可视化的分析，可较好的显示不适宜建设的

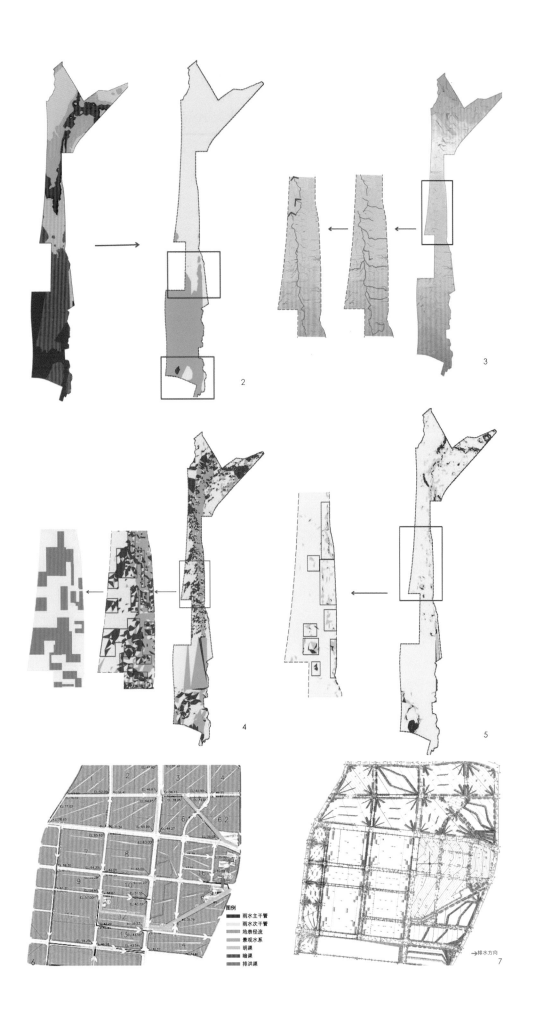

区域，进一步为海绵城市中景观规划部分提出相关建议。

2. 园区规划

本文以大连专用车产业科技创新基地为例说明BIM技术的具体应用。本项目位于辽宁省大连市大连开发区拓展区得胜镇，项目占地面积6km²，规划以生态为核心，结合大连丘陵地势，塑造具有地域特色和产业特征的现代制造业园区。在该设计过程中，BIM通过建立城市规划数字化模型，在地形设计、土方计算、道路设计和蓄水排水等设计环节发挥作用，从而更好地实现海绵城市的规划理念。

AutoCAD, Civil, 3D是一款面向土木工程设计与文档编制的BIM工具，主要为从事交通运输、土地开发和水利项目的土木工程专业人员设计方案、分析项目性能使用。因Civil 3D与CAD格式相同，所以能与现有绝大多数上下游数据无缝对接。本项目场地基础地模利用Civil 3D软件，通过测量点高程数据而生成。同时，将卫星影像图片与数字地形相叠合，可以更为实际的反应三维观察场地现状情况。

在地表水系的规划中，本项目强调了水体作为景观元素的利用及多种排水、蓄水等相关手段的灵活结合。

水体是园区内比较丰富的景观元素，规划充分利用水系这一重要元素，打造核心景观中心。首先将两条原不相交的水渠联系起来，并在公共展示区放大，形成博览展示区的亮点。其次结合空间节点，在水渠两侧灵活布置下沉活动广场，一方面可增加规划园区亲水开放空间，另一方面下沉广场也可在极端暴雨时作为临时蓄水池，分担场地排水压力。此外，结合场地地模高度信息，景观的水系设计尽可能地在地势较低处布置景观水池，充分利用场地自身的汇水能力，加强雨水对景观水体的补给。在园区建筑附近的部分水池中，加设有过滤池，同时作为消防水池使用，以此增加水循环利用率。

通过对地表径流排水方向的分析，设计在地表划分出北部、东南、西南三个汇水区域，进一步结合现状水渠来组织地表径流。通过延长南侧用地水渠走势，将西

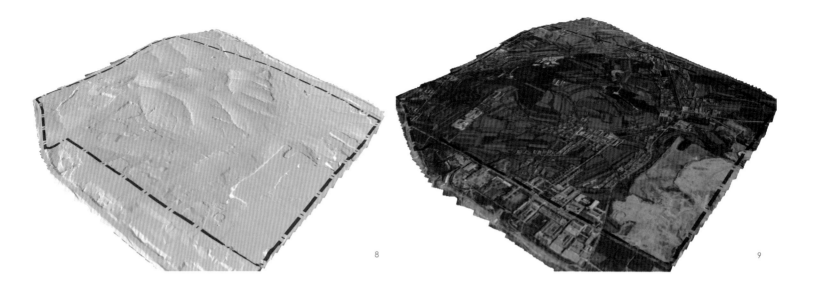

8

9

2.现状高程分析
3.现状流域分析
4.坡向分析
5.坡度分析
6.地标径流雨水管道排水流向分析图
7.地表径流排水方向分析
8.场地基础地模
9.卫星影像图片与数字地形相叠合效果

南片区雨水进行导流。雨水调蓄池的设计依据现状水塘和规划布局，结合汇水面积、雨水管网的排水能力而得，既可应对极端暴雨雨量剧增的排水问题，又可对整体景观进行蓄水。水渠改造为软质景观护坡。至此，由地表排水、明渠、暗渠、雨水管网系统及景观水系共同组成的场地水系将协同发挥作用，顺应地势，影响雨水排水的走向，最终利用蓄水池的调蓄作用解决可能产生的地表积水问题。

五、结语

科学的场地设计是海绵城市规划设计要素的基础，只有从整体把控整个区域的雨水系统，才能在辅以基础设施时事半功倍。同时场地在建成后最不容易被感知，对经验不足的业内人士和非专业人士而一言，可视化的设计基础和设计成果解译则非常重要。这种规划的科学性与可视性，正是BIM工具所擅长的。

海绵城市是城镇化进行过程的一个必然的选择，是规划重点从增量规划向存量规划转型的体现。在海绵城市的规划设计环节中，我们可借助BIM技术，将城市信息数据化、可视化，从而科学的指导城市建设，推动海绵城市的发展。

参考文献

[1] 仇保兴. 海绵城市（LID）的内涵、途径与展望[J]. 建设科技，2015（1）：11-18.

[2] 中华人民共和国住房和城乡建设部. 住房城乡建设部关于印发推进建筑信息模型应用指导意见的通知-建质函[2015]159号[Z]. 2015.6.16.

[3] 俞孔坚，许涛，李迪华，王春连. 城市水系统弹性研究进展[J]. 城市规划学刊，2015（1）：75-83.

[4] 车生泉. 海绵城市理论与技术发展沿革及构建途径[J]. 中国园林，2015（06）：11-15.

[5] 张书函. 基于城市雨洪资源综合利用的"海绵城市"建设[J]. 建设科技，2015（1）：27-28.

[6] 徐振强. 我国海绵城市试点示范申报策略研究与能力建设建议[J]. 建设科技，2015（3）：58-63.

[7] 徐振强. 中国特色海绵城市的政策沿革与地方实践[J]. 上海城市管理，2015（1）：49-54.

[8] 刘朝彪. "海绵城市"构建规划实施策略分析——以哈尔滨市群力雨洪公园为例[J]. 边疆经济与文化. 2015（4）：3-5.

[9] 王乾勋. 基于建模技术对城市排水防涝规划方案的探讨——以深圳市沙头角片区为例[J]. 给水排水. 2015（41）：34-38.

作者简介

贾殿鑫，浙江大学建筑系硕士研究生，BIM研究员；

刘雯，上海建筑设计研究院有限公司，BIM工程师。

绿色基础设施雨洪管理的景观学途径
——以绿道规划与设计为例

Landscape Design Approach to Sustainable Stormwater Management of Green Infrastructure
—Case Study of Greenway Planning and Design

杜 伊 张 静
Du Yi Zhang Jing

[摘　要]　以绿道设计为例对绿色基础设施雨洪管理的景观学途径进行研究。首先引入区别于传统雨洪管理的可持续雨洪管理概念，阐释可持续雨洪管理的主要载体——绿色基础设施；重点从功能特征、网络属性、绿色本质三方面延伸基于雨洪管理的绿道理念，并举例国际案例加以佐证；其次分别从尺度跨度和功能特性两个方面探讨了基于雨洪管理的绿道的景观规划要素与设计要素；最后在方案制定流程中重点研究了绿道与雨洪管理两者能够协同工作的主要步骤。

[关键词]　风景园林；绿道；雨洪管理；绿色基础设施；规划设计

[Abstract]　The author studied on a landscape design approach to sustainable stormwater management of green infrastructure by using case of greenway design. At the beginning, the difference between sustainable stormwater management and the traditional one was introduced, and that green infrastructure is one of the main supporters of sustainable stormwater management was illustrated. While greenway concept of stormwater management was extended by three aspects, including the functional characteristics, network property, green nature, and the paper proposed three examples of international cases to corroborated it. Landscape planning elements and design elements of greenway based on stormwater management from the scale span and functional properties were discussed. Finally, program development process focused on the main steps that can Coordinative work together between greenway and stormwater management was explored.

[Keywords]　Landscape Architecture; Greenway; Stormwater Management; Green Infrastructure; Planning and Design

[文章编号]　2016-72-C-120

一、引言

1. 传统雨洪管理与可持续雨洪管理

《国家新型城镇化规划（2014—2020 年）》明确提出，我国的城镇化必须进入以提升质量为主的转型发展新阶段。《海绵城市建设技术指南（试行）》的出台标志着以低影响开发、雨水系统规划等生态友好型建设方式将成为今后城市发展中需要关注的一项重要内容，建设具有自然积存、自然渗透、自然净化功能的海绵城市是生态文明建设的重要内容，是实现城镇化和环境资源协调发展的重要体现，也是今后我国城市建设的重大任务。

传统雨洪管理基础设施在城市安全上发挥了重要作用，未来仍将继续发挥作用，但其存在的弊端亦不容忽视。自然生态系统中维持平衡的"降水—下渗—径流—滞蓄—（净化）—蒸腾"循环链由于城市建设活动被打破，使得排水压力骤增，增大了洪涝灾害的风险，同时地下水被严重超采而未得以有效补充，一系列的过程环环相扣，最终引发"水多"、"水少"、"水脏"等问题，这正是城市内涝、水环境污染、水源稀缺、地下水持续下降等危机日益严峻的根本原因。如果单纯以排放作为雨洪管理的目标，不转变雨洪管理的理念与模式，良性水文循环及可持续的生态城市则难以构建。

区别于传统雨水管网将雨水视为灾害，试图将雨水在最短的时间排走的模式，可持续雨洪管理一般通过综合选择自然水体、多功能调蓄水体、行泄通道、调蓄池、深层隧道等自然途径或人工设施构建，能够对雨水的渗透、储存、调节、转输与截污净化等功能，有效控制径流总量、径流峰值和径流污染。目前广为国际认可的最佳管理实践（Best Management Practices, BMPs）、水敏性城市设计（Water Sensitive Urban Design, WSUD）、低影响开发（Low Impact Development, LID）等水环境管理体系均具有可持续雨洪管理的属性。城市传统雨洪管理，即雨水管渠系统应与可持续雨洪管理结合，共同组织径流雨水的收集、传输与排放，用来应对超过雨水管渠系统设计标准的雨水径流。

2. 可持续雨洪管理的载体——绿色基础设施

1999 年 8 月，美国保护基金会（The Conservation Fund）和农业部林务局（The USDA Forest Service）首次明确提出绿色基础设施的定义，即"GI 是国家自然生命保障系统，是一个由水系、湿地、林地、野生生物的栖息地以及其他自

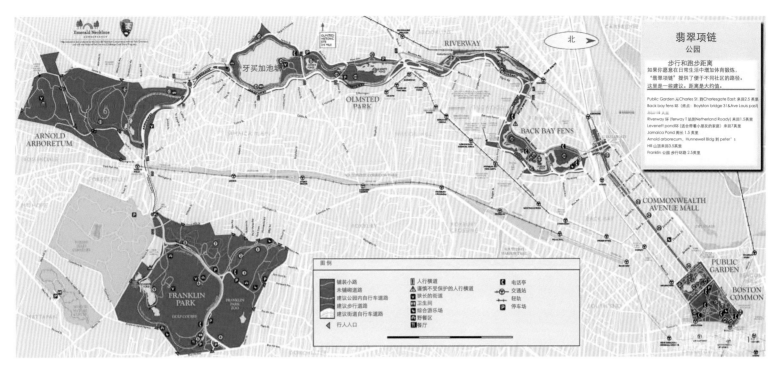

1.波士顿"翡翠项链"公园体系

然区；绿色通道、公园及其他自然环境保护区；农场、牧场和森林；荒野和其他支持本土物种生存的空间组成的相互联系的网络"。GI在空间上由网络中心（hubs）、连接廊道（links）和小型场地（sites）组成天然与人工化绿色空间网络系统，在城镇化的空间建构中，关键原则应关注于将绿色基础设施融入城市规划设计之中，GI仿生式的模仿自然过程为城市环境和自然环境提供了生态系统服务。主要的生态系统服务包括：水质改善、雨水资源收集利用与管理、防洪排涝，为水生态系统提供缓冲抵抗集水区的城市化与气候变迁所带来的负面影响；调节城市微观气候环境。因此GI是可持续雨洪管理主要载体之一，它能够通过绿地、湿地和各种类型的水体等能收集、过滤、净化和储存更多雨水，减少地表径流，实现雨水的资源化利用，同时能对城市"灰水"起到滞留和净化作用，缓解现代城市面临的水污染、内涝等灾害。

实际上绿色基础设施并不是一个新的概念，它和绿道、生态网络等概念一脉相承，互相联系，是公园体系、绿带、绿道、生态基础设施等城市绿地建设理论的延伸，核心问题是如何通过规划城市开放空间体系来创造一个和谐、可持续发展的人居环境。美国马里兰州是世界上最早开展绿色基础设施研究及规划建设的地区，其起源就是1991年的马里兰州绿道体

系规划建设。因此本文以绿道（Greenway）设计为例探讨绿色基础设施发挥雨洪管理功能的景观化途径。当前绿道进行雨洪管理的理念在我国还未获得足够的重视，绿道规划设计应该考虑雨水回收资源化、洪涝灾害控制、污染净化等诸多方面的内容，使其在实现游憩休闲多重功能的同时，能进一步强化生态服务功能，如优化城市水文过程，改善城市水质并提升空气质量。

二、基于雨洪管理的绿道理念延伸

1. 功能特征：中小尺度强化生态系统服务（Ecological System Service）

当前我国对"区域—城市—社区"三个层级绿道的普遍认识，可以概括为：①区域级绿道主要承担城市、区域间生态及资源保护的功能，游憩、景观功能一般作为辅助功能；②城市级绿道受到城市多样化的人工要素影响，一般承担着最为全面综合的功能，既维持着城市内部生态环境的健康，又为城市居民提供开放游憩空间；③社区级绿道最为注重城市市民的日常使用功能，连接日常活动的兴趣点以及创造交往场所。绿道功能在不同尺度的侧重并不意味着城市、社区级绿道可以弱化生态功能，甚至表现为规划设计上的极大简化或忽视。低影响开发提倡的雨洪管理主

张源头控制机制，即应用分散的、小尺度的、相互关联的设计措施从源头以降低洪峰流量及水质污染的风险。因此在保护城市生态的问题上，特别是防止河流污染、城市内涝灾害等问题，城市、社区层级的绿道同样重要。

2. 网络属性：空间形态促进水文过程

基于雨洪管理的绿道理念是利用雨洪管理的方式将景观规划设计结合起来。根据字面的解释，"Green"指与环境有关或支持环境保护的自然存在——如森林河岸、野生动植物等；"Way"指人类和其他生物的通道、路径。绿道对促进生态过程的流动，保障生态系统的健康和维持生物多样性起到关键的作用。绿道在景观生态学中属于廊道（corridor）范畴，其串联了城市中各类自然或人工要素组成纵横交错的廊道和自然、城市斑块有机构建的生态网络体系，遵从自然水文过程的连续网络对调蓄雨洪、保持水土、涵养水源、净化污染物等具有重要价值。

3. 绿色本质：低成本节约型园林的实践

相比于灰色基础设施，植物是绿道的主要组成，产生"绿色"效益的功能特性使其在引导城市可持续发展层面具有显著优势，雨洪管理方式与绿道的

2-5.波特兰NE Siskiyou 绿色街道
6-7.波特兰州立大学Stephen Epler Hall雨水种植池

结合、在增加生态、景观、游憩、文化等功能效益的同时，能最大限度地降低雨洪管理设施建设的成本，遵循生态学原理，利用规划设计自然要素的景观学方法的雨洪管理体系，践行了节约型园林中资源与能源投入最小化，而产生的生态、环境和社会效益最大化的理念，为城市诸多"遗留"空间的更新提供了新的可能，在促进景观得以改善的同时，提升了区域土地的价值，这些空间很大程度上具有成为绿道中生态节点的潜能。

三、国外基于雨洪管理的绿道既有实践

1. 区域级：东伦敦绿色网络系统（East London Green Grid）

东伦敦绿色网络系统将雨洪管理纳入研究以应对多变的气候及洪涝灾害，该规划的雨洪管理从整个伦敦流域尺度出发，制定了如下总体策略：①将城市现有的排水系统与可持续排水系统结合，例如利用沼泽、蓄水池增加雨水回收利用；②重建已被人工渠化或拉直的河道，软化驳岸，在合适的节点将其与湿地、沼泽等栖息地更好地连接；③在公共空间尽可能使用透水性铺装以及其他可持续的排水系统以缓解暴雨径流；④新的开发建设活动应与河道保持相当的距离，避免破坏河岸廊道的自然形态。绿色网络系统中的新建项目都需要基于遵循这些原则的基础，构建兼顾社会文化与生态可持续价值的开放空间系统。

2. 城市级：波士顿"翡翠项链"（Emerald Necklace）公园系统

波士顿"翡翠项链"公园系统是美国最早的绿道系统，主要包括了查尔斯河岸（Charlesbank）、巴克贝沼泽（Back Bay Fens）、河道公园（Riverway）、莱弗里特公园（Leverett Park）、牙买加池塘（Jamaica Pond）和相连的绿道等。在规划之初，查尔斯河潜在的洪水威胁以及水体污染就引起了风景园林师的关注，奥姆施特德在这个线状的公园系统中设计了湿地、集水池以及滩地上不规则的凹陷河床水系，同时拓宽河渠，恢复了现有河流的自然形态，并在沿岸种植了乔灌木、藤蔓及水生植物。采取的这一系列具有雨洪管理特点的举措使得贯穿于整个波士顿的中心地带的连续的绿道帮助波士顿在1968年的暴雨中成功滞留大量洪水，该公园系统可以被看作城市绿色基础设施网络中心，承担了防洪与净化水体的功能，并且直到现在这些雨洪管理设施仍有效地发挥作用。

3. 社区级：绿色街道（Green Street）

大部分绿道是沿着街道开敞的线性空间，因此街道也是城市雨洪管理系统及城市绿道构建的重要场地之一。自低影响开发及绿色雨水设施被引入街道，在美国多个城市发起了绿色街道项目，如波特兰（Portland, Oregon）绿色街道、明尼苏达州伯恩斯维尔市（Burnsville, Minnesota）的社区绿色街道、洛杉矶奥若斯（Oros, Los Angeles）的绿色街道等。目前波特兰已有多条建成的绿色街道，如NE Siskiyou绿色街道，NE Fremont绿色街道、the SW 12th绿色街道和Montgomery绿色街道等，其中NE Siskiyou绿色街道曾荣获ASLA2007设计荣誉奖。绿色街道中雨水种植沟、雨水种植池、路牙石扩展池和雨水渗透园的设置能有效降低洪峰流量并且减少不透水面积，美化景观、过滤污染。通过几年不间断的监测及流量模拟当前已具有明显生态效益，在最严重的暴雨时间中洪峰流量从90%降低至70%，雨水滞留量从50%提升至96%。

表1　　　　　　三个层级的绿道景观规划要素及管理对象

尺度	规划要素	主要雨洪管理对象
社区级	建筑密度和平面布局、高程与地质水文条件等	街头绿地、小区游园、商业步行街道及公共服务设施等公共空间
城市级	城市常见的典型斑块与廊道、城市消极空间等	城市内部的河流廊道、河漫滩、湿地等
区域级	自然保护区、风景区、流域等大型生态空间	河漫滩、低洼沼泽、溪谷地带等生态关键斑块或廊道

四、绿道实现雨洪管理的景观学途径

1. 景观规划要素

从尺度跨度来说，绿道小到连接居住区的口袋公园，大到连接跨越城市的大区域。绿道的"区域—城市—社区"三个尺度能较好地使雨洪管理体系在宏观、中观、微观尺度得以全面覆盖。雨洪管理是从源头汇水面对雨水径流进行截污和弃流，因此从源头着手规划是基于雨洪管理的绿道规划的关键，但不同层级的景观规划要素及管理对象存在差异。

（1）社区级绿道

在社区级层面，雨洪管理设施首先需在规划之初作为基础设施被纳入规划前期研究内容，目的在于使雨洪管理设施在规划建设中能与建筑、景观等协同发展。目前，我国的社区级绿道建设仍处于初步阶段，就广东省社区级绿道的建设特点与要求来看，社区绿道单体较小，但总量惊人，是一种针对社区的高度分散化和连接性的"毛细"绿廊，串联起社区内的主要林荫道、街头绿地、小区游园、商业步行街道及公共服务设施等公共空间。基于其形式灵活、分布广泛、贴近市民生活的特点，社区级绿道规划应以庭院等小型场地为基础单位，宜采用生态排水的方式，绿道内部交通规划应注重对场地建筑密度与平面布局以及高程、地质等要素的考察，以及道路横坡坡向、路面与道路绿化带及周边绿地的竖向关系，便于径流雨水汇入绿地内的可持续雨洪管理设施。

（2）城市级绿道

在城市级层面，将雨洪管理设施融入城市绿道网和相互连接的节点，首先应在满足绿道基本功能的前提下达到水环境相关规划提出的城市雨洪控制目标及指标的要求；其次城市级绿道在规划选线时，应将布置雨洪管理设施的绿道与城市中常见的典型斑块要素（例如公园、林地、农田等开放空间）以及廊道要素（例如城市道路、河流及河岸、线性公园、高压走廊等）进行连接，加强对城市生态骨架的巩固。通过雨洪管理的方式将过去对城市来说不值得开发的消极空间，例如河流廊道、河漫滩、湿地等，留出适当的供调节、滞留、蓄积供水的缓冲区，利用绿道体系将成为城市重要的公共开放空间。

（3）区域级绿道

在区域层面的理想情况下，雨洪管理系统将连接到一个更大的，不受干扰，保护物种迁徙和栖息的区域，即生态学中的"源（source）"，如自然保护区或风景区。在此层级中景观完整性以及生物多样性是规划首要目标。规划应保护区域关键的河漫滩、低洼沼泽、溪谷地带等要素，并规定规划建设与保护

区域间的红线距离，绿道主要以规划游憩路径及观景台为主。绿道的规划应判别暴雨时区域下垫面可能的积水位置、范围，作为绿道选线的因子之一，注重对绿道内部道路断面及竖向设计，以满足城市超标雨水径流行泄要求，与区域整体内涝防治系统相衔接。

2. 景观设计要素

目前我国可持续雨洪管理工程技术实践已逐渐在我国城市新区、大型会展场地、住宅小区、城市道路等多种尺度上得以落实，如深圳光明新区、上海世博城市最佳实践区等均采用了低影响开发雨水系统，工程实践的经验积累使得我国在操作性指导理论方面日臻成熟，正如国家住建部《海绵城市建设技术指南》的应运而生。对于绿道这类承担着丰富功能的绿地，从功能特性上来说，应在遵循可持续雨洪管理工程技术有关理论基础上，发掘此类工程技术促进景观审美、游憩娱乐价值，以及丰富绿道本身实际功能的潜力，使工程技术要素实现向景观设计要素的升华。

（1）景观审美功能

通过绿道改善环境、美化环境是绿道建设的目的之一，可持续的雨洪管理设施的组成与构成软质景观的要素几乎相同。在成熟的技术措施支撑下，对暴雨流量进行预测，确定储水、滤水等装置的合理容积，设计需兼顾无水与暴雨后两种景观的营造，通过设计形态、色彩、材质等构建视觉效果良好的混合景观。

（2）游憩娱乐功能

绿道的游憩娱乐功能可以说是绿道核心价值的体现，人的使用赋予绿道价值并维持其活力。为满足游憩娱乐功能，设置雨洪管理设施的场地同样可以被设计成休憩场地、运动场地、儿童游戏场地等绿道中的重要要素。例如雨水种植池的边缘可以被设计成供游人休憩的坐凳，滨水空间一直以来是深受人类喜爱的场所，设计中可利用下沉式场地，在作为雨洪管理设施的同时利用挖方堆填丰富地形，增添了游人活动的多样化。暴雨后雨水集聚形成的景观能增加游人戏水、亲水的机会，对于儿童更是天然的游戏场。利用景观手法设计雨洪管理系统，在利用雨洪资源的同时可以最大限度地提升可视性及休闲娱乐价值，例如雨洪管理中的滞留、沉淀设施在无水情况下可以用作休闲游憩场地，在暴雨后可以为市民提供亲水场所。

（3）科普文化功能

对于目前我国绿道较为薄弱的科普文化功能，在设计时可考虑将雨水花园、植草沟等设施设置在铺装地面的边缘，以便游人近距离的观察，真正了解雨洪滞留、过滤、传输等过程。对于较为大型的雨洪管理设施由于多利用现有自然排水系统设置，如人工湿

表2　雨洪管理设施对应的设计要素

雨洪管理设施	类型	主要作用	设计要素
储水池	滞留式	滞洪、调蓄	水体景观
渗透池	渗透式	渗透雨水	水体景观
雨水花园	过滤式	滞洪、调蓄、净化、过滤、渗透等多重功能	植物景观或湿地景观
雨水湿地	生态式	多重功能	湿地景观
植草沟	生态式	渗透、净化、径流传输等	植物景观

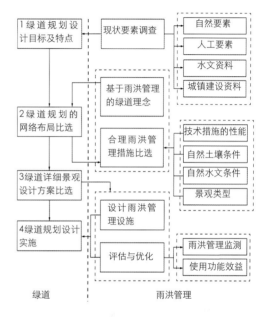

地、水塘、旱溪等，可通过在设计中融入观景台、栈道等低建设强度要素为游人提供较好的景观视线，并可以通过设置标示向游人展示模拟自然的水文过程。

五、基于雨洪管理的绿道方案制定

我国开展绿道建设不能照搬美国绿道概念与制定，因为我国的土地使用规划及操作机制与其具有明显差异。首先应理顺绿道规划设计与我国其他法定规划的关系，尤其是其与城市绿地系统规划的关系，为绿道方案制定提供合理依据。在研究归纳绿道设计及可持续雨洪管理方案制定流程，提炼两者工作顺序的共性及辨析工作内容的差异的基础上，制定出基于雨洪管理的绿道规划设计流程。考虑到绿道的建设实施流程在我国日益增加的实践中已积累了很多针对各城市问题与特点的设计个案研究以及推导普遍规律的理论性研究，因此基于雨洪管理的绿道方案流程制定重点说明的是雨洪管理内容与绿道规划设计可协同工作的步骤。雨洪管理与绿道规划设计在工程上都很难存在唯一的几乎完美解决方案，因此基于雨洪管理是将雨洪管理作为多种绿道设计方案比选评估的因素之一，在两者的结合下

8-10.波特兰州立大学Stephen Epler Hall雨水种植池

最终能够确定最为适宜的方案。

六、总结与讨论

　　绿色基础设施与雨洪管理关系密切，可以说绿色基础设施的提出促进了传统雨洪管理向可持续的雨洪管理的转化，当前狭义理解下的绿色基础设施实际也正是指水系统基础设施，通过模拟自然水循环行使其基础设施的功能。绿道作为在空间布局中具有其自身优势的绿色基础设施，依托其源、汇、隔离、通道、栖息功能的廊道属性，与其他类型绿色基础设施相比，绿道进行可持续雨洪管理的潜力凸显。绿道建设逐渐在我国多个城市开展实践，无疑成为改善当前严峻的城市环境问题的契机。如何合理利用技术、如何实现技术与功能的整合、如何通过人工手段一定程度上恢复自然过程，都是亟待深入完善的议题。

参考文献

[1] 爱德华·T·麦克马洪，马克·A·贝内迪克特. 绿色基础设施：连接景观与社区[M]. 杜秀文，朱强，黄丽玲，等译. 北京：中国建筑工业出版社，2010.

[2] 吴伟，付喜娥. 绿色基础设施概念及其研究进展综述[J]. 国际城市规划，2009（5）：67－71.

[3] 托尼黄，王健斌. 生态型景观，水敏型城市设计和绿色基础设施[J]. 中国园林，2014（4）：20－24.

[4] 贺炜，刘滨谊. 有关绿色基础设施几个问题的重思[J]. 中国园林，2011（1）：88－92.

[5] 金云峰，周煦. 城市层面绿道系统规划模式探讨[J]. 现代城市研究，2011（3）：33－37.

[6] 赖寿华，朱江. 社区绿道：紧凑城市绿道建设新趋势[J]. 风景园林，2012（3）：77－82.

[7] 金云峰，周聪惠. 绿道规划理论实践及其在我国城市规划整合中的对策研究[J]. 现代城市研究，2012（3）：4－12.

[8] 张园，于冰沁，车生泉. 绿色基础设施和低冲击开发的比较及融合[J]. 中国园林，2014（3）：49－53.

[9] 沈百鑫，沃尔夫冈·科克. 德国水管理和水体保护制度概览（上）——德国水法和水管理理念[J]. 水利发展研究，2012（8）：73－78.

[10] MCGUCKIN CP, BROWN RD. A landscape ecological model for wildlife enhancement of stormwater management practices in urban greenways[J]. Landscape and Urban Planning, 1995, 33(1－3):227-246.

[11] 许浩. 国外城市绿地系统规划[M]. 北京：中国建筑工业出版社，2003：5－7.

[12] 张善峰，王剑云. 让自然做功——融合"雨水管理"的绿色街道景观设计[J]. 生态经济，2011（11）：182－189.

[13] 张善峰，王剑云. 绿色街道——道路雨水管理的景观学方法[J]. 中国园林，2012（1）：25－30.

[14] 王思思，苏义敬，车伍，等. 中国城市绿道雨洪管理研究[J]. Journal of Southeast University(English Edition), 2014（2）：234－239.

[15] 彭凌迁，王婕，李庆卫. 广东社区绿道建设启示——以深圳福荣绿道为例[J]. 中国园林，2014（05）：97－101.

[16] 金云峰，张悦文. "绿地"与"城市绿地系统规划"[J]. 上海城市规划，2013（5）：88－92.

[17] 金云峰，周聪惠. 城市绿地系统规划要素组织架构研究[J]. 城市规划学刊，2013（3）：86－92.

[18] 金云峰，刘颂，李瑞冬，等. 城市绿地系统规划编制——"子系统"规划方法研究[J]. 中国园林，2013（12）：56－59.

[19] 金云峰，周聪惠. 《城乡规划法》颁布对我国绿地系统规划编制的影响[J]. 城市规划学刊，2009（5）：49－56.

[20] 刘家琳. 基于雨洪管理的节约型园林绿地设计研究[D]. 北京林业大学，2013.

[21] 胡剑双，戴菲. 我国城市绿道网规划方法研究[J]. 中国园林，2013（04）：115－118.

[22] 金云峰，王小烨. 绿地资源及评价体系研究与探讨[J]. 城市规划学刊，2014（1）：106－111.

作者简介

杜　伊，同济大学建筑与城市规划学院，博士研究生；

张　静，理想空间（上海）创意设计有限公司，规划师。

1.花莲公寓鸟瞰图

建构海绵城市的三种尺度
——以台湾三个案例为借镜

Three Scales of Sponge Cities
—Case Study in Taiwan

黄柏玮
Huang Bowei

[摘　要]　过去我国以一套程序与理性规划方式，在城乡利用上之环境面向并无适当的指导原则，因而造成城乡面临高风险灾害问题。然而如今经济发展减速回归常态性发展，正是检讨过去城乡发展策略的最佳时机点。目前城市所遭遇最普遍的灾害为洪水风险，不时有洪灾旱灾的灾情传出，以城市规划的角度，或许海绵城市是有效地减少城市洪水风险的手法，目前是世界上仍无统一的定义海绵城市，本文希望借由长年雨水丰沛的台湾为例，探讨饱受洪灾风险的台湾，以三种与水共存创造海绵城市的手法，期许能对海绵城市相关设计或想法更有启发甚至是成为一种范式以达到城市减少灾害目的。

[关键词]　海绵城市；多尺度设计；减灾

[Abstract]　The procedures and rational planning make urban and rural non-proper use, resulting in excessive imbalance urbanization and rural. And now economic develop slowdown return to the normal; it is the best time to review the last rural development strategy. The city has suffered lots of risks, such as flood. At an angle of urban planning, sponge city maybe could reduce the risk of flooding in social; however, there is no paradigm of sponge city now. The paper would take Taiwan for example, to introduce three scale of sponge approach to find the relevant design or ideas. About sponge and become a paradigm of disaster mitigation.

[Keywords]　Sponge City; Multiple-scale; Mitigation

[文章编号]　2016-72-C-125

一、背景

近年来人类过度开发与不当资源使用导致巨灾事件频传，使人类所面临的社会风险加剧。20世纪以来最令人印象深刻的灾害从台湾"8·8"风灾到北京暴雨或是美国卡翠纳飓风，都再显示目前正处在一个高暴露风险的社会中。由此可知洪水灾害更是目前城市或是区域所面临的最大风险之一，过去广筑堤防、防洪设施皆无法避免现代社会所面对的洪水巨兽，我们需要更多创新及回归自然的减灾手法，与灾害共存。近年来所提出的海绵城市即为与水共存的手法之一，指城市应像海绵一样，对环境变化与自然灾害有良好的"韧性"能力，有关洪水的韧性是指能妥善运用雨水，能够于下雨时迅速吸水并在需要时将蓄存的水"释放"利用。目前海绵城市并没有既定模式，根据住房城乡建设部（2014）其功能可包含三种：一是对城市原有生态系统的保护；二是生态恢复和修复；三是低影响开发。本文将以台湾为例并从这三种尺度，介绍其相关意义与设计手法，以作为未来海绵城市之参考。以下为文章的结构：①区域尺度的海绵城市；②城市尺度；③道路尺度；④最后为结论部分。

二、区域尺度：湿地

根据国际湿地公约（Ramsar Convention）对

湿地所下的定义：所谓湿地是指天然或人为、永久或暂时、死水或活水、淡水、海水或混合，以及海水淹没地区所形成之沼泽、沼泥地、泥煤地或水域等地区；其水深在低潮时不超过六公尺者等地区皆可称为湿地。因此位于水域与土域交会地带之水土混合区域，即可称之为湿地，通常因为海水位变化具有丰富土壤资源及水孕育丰富的水生动植物而形成丰富生态系，并且具有生态恢复之功能。

1. 湿地的功能

有关湿地的研究发现，湿地富含有多方面的功能与生产力，湿地不仅是生物栖息处，更是城市区域水、陆地带的缓冲区，当暴雨来时可以作为洪水停留处涵养所以可作为一个第一层防水设计。根据文献整理，本文认为湿地功能可分为生态、经济与教育及保护等面向。

（1）生态面向

湿地对于大气中氮循环（nitrogen cycle）、硫循环（sulfur cycle），以及碳循环（carbon cycle）具有非常重要的影响，湿地的植物会吸收空气中的二氧化碳进而转变为植物的细胞组织，最后成为湿地沼泽中的泥碳；也将太阳能转换为生物量并制造氧气，提供鱼、虾、森林、野生动物态及至此觅食的哺乳类和鸟类生存之养分，使湿地蕴含许多有机物质提供良好的生态孕育环境，成为多样性的野生物种

良好的栖息场所。

（2）经济与教育面向

就社会经济而言，湿地是地球上富有相当大的生态系统生产力的使用功能，提供人们生存的丰富食物外也提供养殖业的发展，并形成许多以养殖为经济发展取向的乡村。除此之外，湿地更可以发挥其丰富自然生态资源及特殊景观，吸引生态观赏、徒步旅行、垂钓等休闲游憩活动。

（3）保护面向

湿地具有保护水陆地带、防洪效果、净化水质、调解水量之保护功能，对于人类栖地之保护发挥了很大的调节功能，并且让地球之环境、生态有所平衡，以下说明之。

①减少洪患

湿地具有减低洪患的功能，首先储蓄洪量再慢慢排除洪水，拥有稳定水量的重要特性，若洪水太大无法全部蓄存，其上孕育的树木与草丛等植物也能阻缓洪水的速度，因此能减轻洪害，具有防洪效果。

②净化水质、调节水量

湿地有大地之肾的美称，能保存水中的养分，过滤有机废物及积存悬浮物，使水质得以净化，预防优养化的情况发生。而其运作方式可好比海绵，当河水挟带着污染物流经湿地时，湿地上的水生植物，如水草、芦苇、香蒲等，会使水流速度减缓，吸附重金属，且让污染物沉淀在湿地的底部，顺利调节水量，

补充地下水，拥有稳定水源的重要特性。

2. 案例介绍

七股盐田湿地已划定为台湾重要湿地之一，目前有许多湿地保育及规划执行，本文将以其作为案例分析描述以湿地作为区域尺度海绵城市的手法，七股盐田保育利用计划湿地面积共计5 400hm²。

（1）规划手法

七股盐田保育利用计划目标为在湿地生态承载范围内，以兼容并蓄与明确指导的方式使用湿地内所有资源，包含利用时间点；什么范围可以使用；使用强度大小；什么使用行为可以被允许，如此才能构建湿地与周围地区综合发展之可持续性计划。

进行生物样种保存复育、生物栖息地的保护以发挥湿地之保水防洪及净化水质之功能，经济目标为进行生态经济之产业及以生态环境作为观光之产业目标。以此兼顾人类发展与环境之计划，以达到人类可持续的发展。其手法主要包含明确分区管制及管理计划。

七股湿地保育计划通过资料分析调查，首先将湿地功能与价值进行分类，划分保育地区与可发展地区，并依分区管理以达到最大限度地保护原有环境等水生态敏感区，使湿地能够涵养水源对高强度降雨有所防范达到减少洪水灾害的效果，并维持城市开发前的自然水文特征，满足海绵城市建设的基本要求。

①核心保育区：划设生物多样性小区周边盐田湿地作为核心保育区，作为生态保育监测项目的观测区域，并能成为稀有物种的观测与解说基地，因此根据季节物种进行相关管制，规划湿地公园，整合此区域作为生态保护基地。

②生态复育区：划设现有深水区域，以增加生物复育及栖息空间，复育成功后将能提供小区产业发展生态解说的资源，达到保育与产业发展的双重目标。

③景观保护区：七股湿地具有特殊的扇形盐田景观，列入此保护区并加以维护再利用，并针对文化地景进行保存与维护的方案，避免被人为破坏与不当开发，以作为文化资产保存的基地。

④国家公园区：维持台江国家公园现有的管辖方式划设之，并以配合其计划提供湿地监测管理之建议。

⑤一般使用区：将此区域内的观光游憩设施重新串接并规划为同一区，更能发挥其使用一体功能性，并将现有的渔业捕捞、养殖、居住等行为维持从来之现况使用，不影响当地居民生活为原则。

（2）水资源保护及利用管理计划

七股盐田湿地范围内目前有八处聚落，聚落的多数民生污水直接通过现有的排水系统进入湿地，故保育利用计划于湿地范围内选定适合测点，由主管单位进行水源监测，以保护湿地水质与生态栖地。除定期监测水质外，保育利用计划

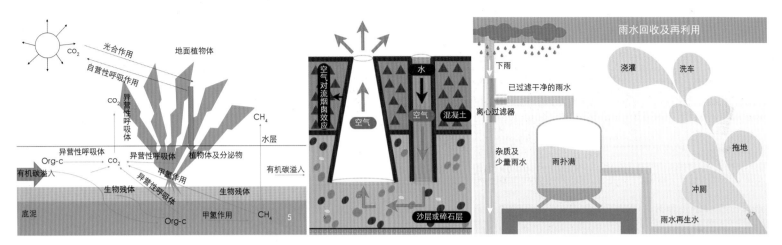

5.湿地对于大气循环示意图
6. 道路J－W工法原理图
7. 雨水扑满图

也针对湿地范围内，不同的目标事业与使用产业发展建立管理标准，以维护水资源的利用与管理，并同时确立水利设施的管理权责，进行维护工作，以稳定湿地的生态以建立吸水、排水的正常运作，建立全面海绵的区域第一尺度。

三、城市尺度：城市公园

从区域尺度进行第一步的洪水管理将首先稳定整体区域的洪水吸纳功能，然而面对极端气候的大雨及缺水问题需要更细致的防护，本文从市区公园及道路进行海绵城市的更进一步介绍，希望藉由总体的概念以及细部的规划手法，能够让海绵城市有更全面了解。

"雨扑满"设施是近期台北市打造为海绵城市所提出的一个设计，并且希望将此设施埋设于城市公园提供一个巨型存储器，在发生暴雨时能够迅速将城市内部的洪水吸附，以落实可持续发展透水城市理念并解决严重的热岛效应，发挥海绵城市能妥善吸纳洪水以及散热的功能。

下雨时使雨水透过缝隙渗到地下，当下雨过时，这些水又可以蒸发来降低整个环境的温度，达到"雨天储水，晴天散热"的效果。采取整体性的思维，推动总和治水措施，"雨扑满"的设计不但达到"海绵城市"的效果，同时也减少了处理自来水对环境造成的冲击，也使水资源有多层次的利用。

四、道路尺度：道路J-W工法

所谓的道路J－W工法是指高承载力的通气管结构型透水铺，其设计手法是将第一层道路铺面用塑料结构加上混凝土，雨水和灰尘流入后，再经过保水碎石层，分解微生物，透过管道水气能释放地面，24小时循环储水，过滤后就能直接抽出利用。使用层次性的土壤之原理并透过雨水下渗以及空气对流，使城市犹如海绵般具有生命力。除此之外，近期更发现此海绵道路除了高透水、透气功能外，连空气中PM2.5都具有滤化效果，对原来生态环境最低冲击影响，维持最高的生态多样性。

目前台湾汐止区有一条长120m的海绵道路以道路J－W工法设计完成，表面看似平凡非常普通与一般的铺面道路无所不同，然而经过多重的试验能证明这条生态海绵道路能够透水、透气，将气球放入道路气孔中能够自然将气球充气，充分显示其透气的功能，另外在道路底下还能有储水70t的功用。由于道路设计是利用生态工法，将道路分层铺设塑料与混凝土与碎石层，将雨水和微生物分解过滤，保水利用并用透气循使道路能够快速散热，减少夏季的高温，是本研究认为可借镜之海绵道路手法。

五、结论

随着全球气候变迁，全世界面临严重水资源问题包含洪水灾害及旱灾，若是由区域尺度之湿地保育及利用等问题进行整体思考推行，推动计划并兼顾当地产业发展使用以达到兼顾区域指导性，除了区域湿地达到整体透水的功能，更需要地区更细部尺度的道路或是其他方式设计，本文认为建构海绵城市，应从多尺度进行探讨并且结合自然原理以减少人工建成设施所造成环境自然循环的阻碍，本文以台湾目前较创新的雨水扑满及海绵JW道路设计进行案例介绍，希望此类设计能够与区域的湿地链接使雨水能够妥善的在地表流通而减少城市的洪水灾害。首先以湿地作为区域的最大贮水池，并且发挥其最大的生态功能，并于城市中设计集水扑满及海面道路，有效将发生暴雨灾害时候将雨水有效率地流入地表下，减少地表径流停留在地表的时间以避免洪水灾害所造成损失。

参考文献

[1] 张淑蓉．二项式巨灾权益卖权订价模型．台中：逢甲大学保险学系[D]．硕士论文．

[2] 洪鸿智．科技风险知觉与风险消费态度的决定：灰色讯息关联分析之应用[D]．都市与计划，29（4）．575－593．

[4] 李永展、曾明逊．不确定情况下湿地永续利用管理策略[J]．规划学报，22．63－84．

[5] 阎克勤．海岸环境管理与资源利用评估之研究——以新竹海岸湿地为例[D]．国立台北大学都市计划研究所博士论文．

[6] 林宪德、庄惠雯、张从怡、陈建男 2012: "绿建筑评估手册——基本型" [G]．台湾建筑研究所．

[7] 生物多样性与生态环境，以生态工法营造海绵生态城市[G]．中央研究院，生物多样性研究中心与台湾湿地学会．

[8] 柳中明、谢英士，建设海绵台湾倡议理念说明[G]．中华低碳环境学会．台湾永续生态工法发展协会．环境质量文教基金会等．

作者简介

黄柏玮，北京大学城市与环境学院，硕士研究生。